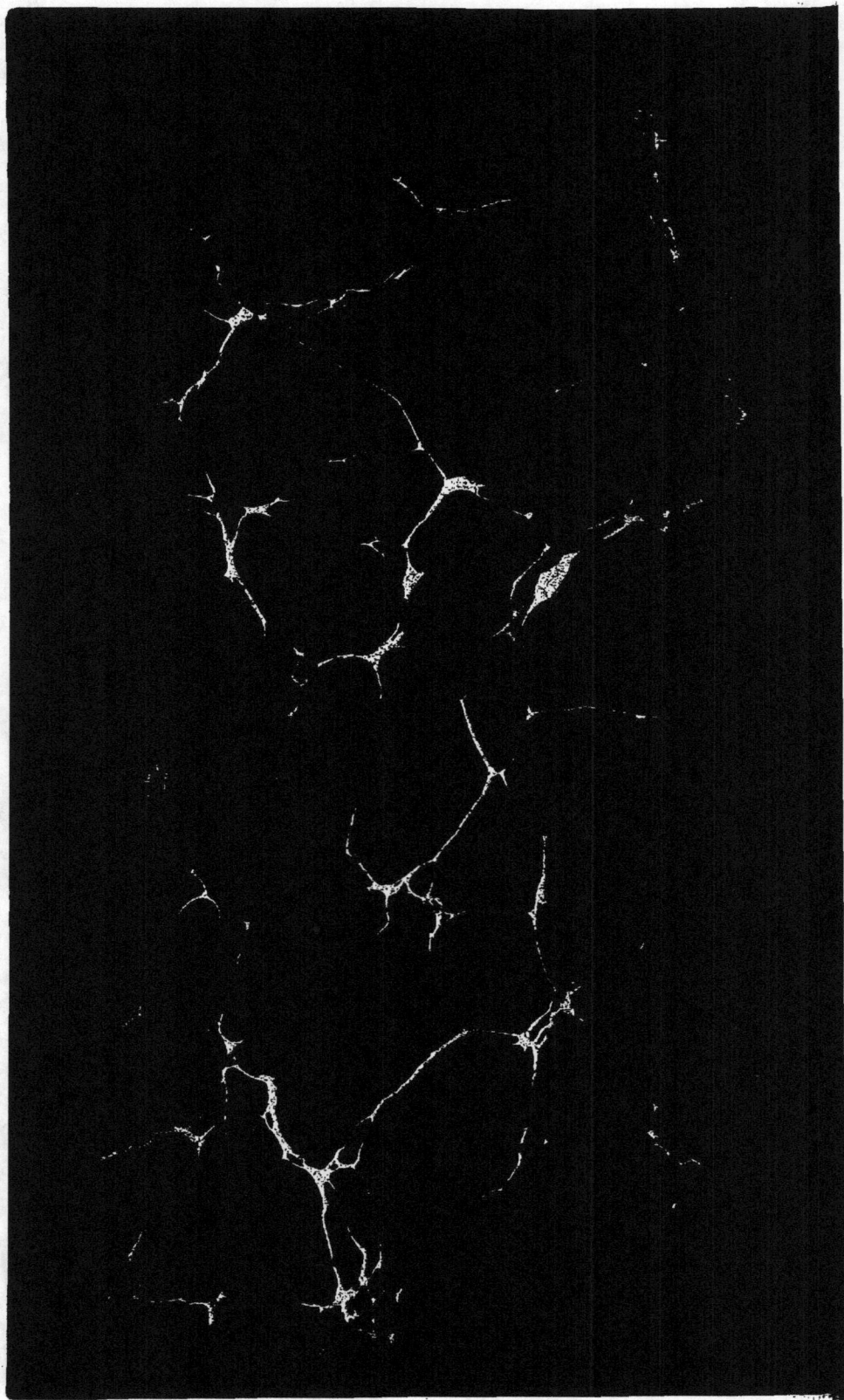

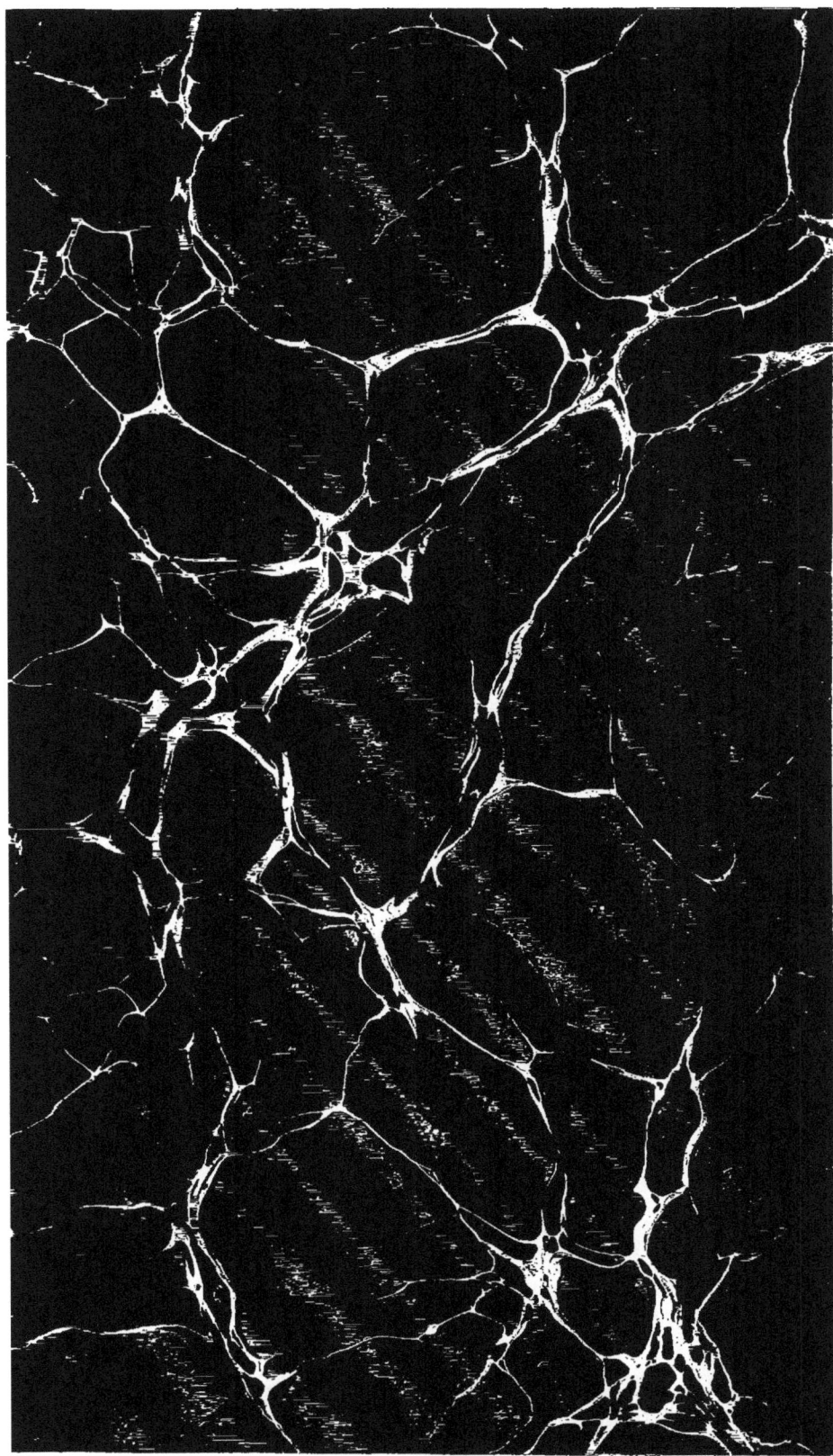

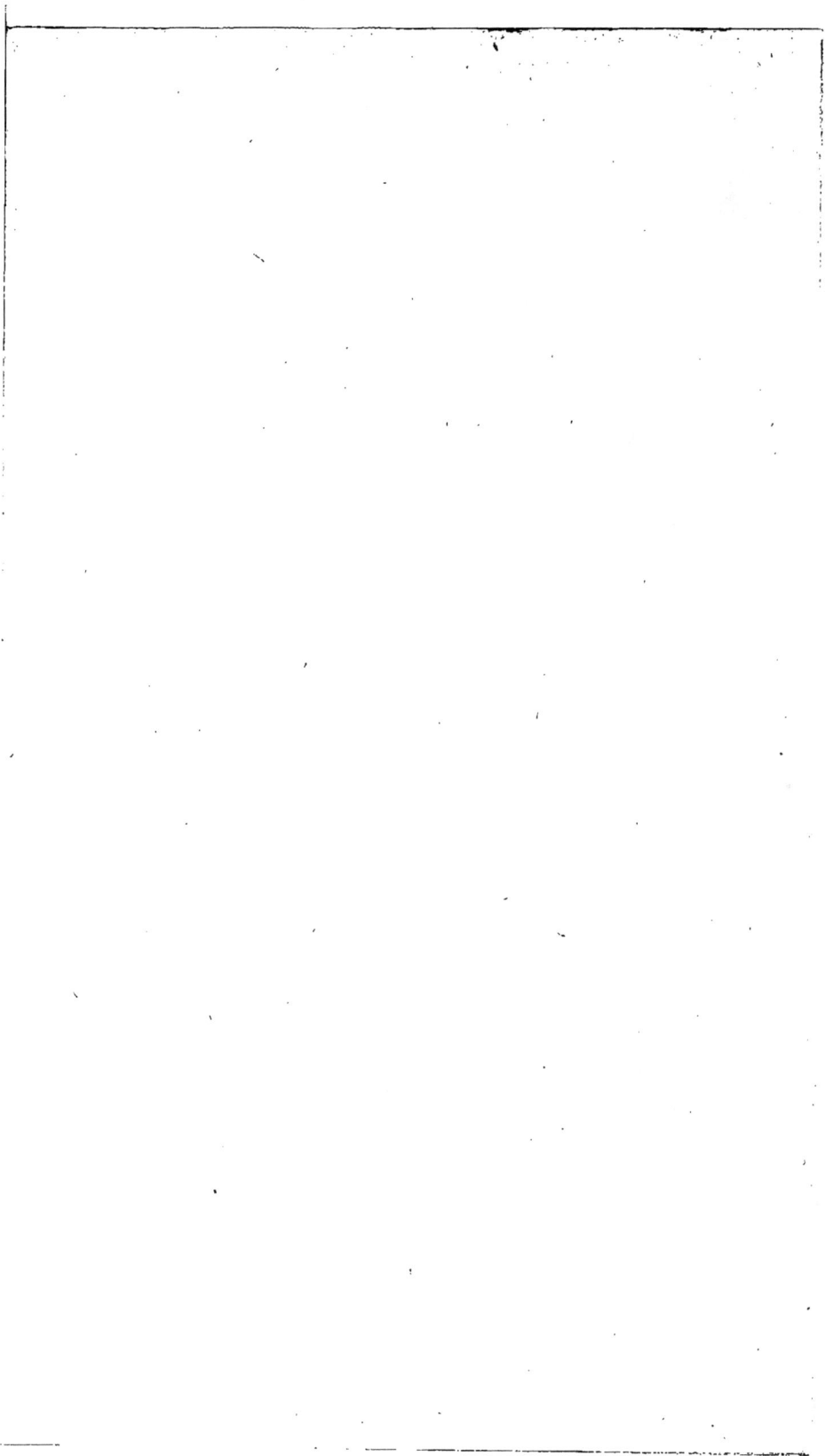

S

25130

DES CHEVAUX

EN FRANCE

ET

DE LEUR RÉGÉNÉRATION.

PARIS. — IMPRIMERIE LE NORMANT FILS,
RUE DE SEINE S. G. Nº 8.

DES CHEVAUX

EN FRANCE

ET

DE LEUR RÉGÉNÉRATION.

Par le Comte de B.........

> La plus noble conquête que l'homme ait jamais
> faite est celle de ce fier et fougueux animal qui
> partage avec lui les fatigues de la guerre et la gloire
> des combats.   DE BUFFON.

PARIS.

DELAUNAY, LIBRAIRE, PALAIS-ROYAL.

1832.

DES CHEVAUX

EN FRANCE

ET

de leur Régénération.

———————

Lᴀ force d'impulsion de la grosse cavalerie, l'infatigable activité de la cavalerie légère, la rapidité des mouvemens de l'artillerie, l'abondance et la vigueur des charrois dépendent évidemment des qualités et du nombre de chevaux à consommer en temps de guerre.

Les chevaux doivent donc être considérés dans tous les Etats comme l'une des forces militaires les plus importantes; et c'est sans doute pour ne les avoir pas assez considérés sous ce rapport, que la France, si riche en hommes pour la défendre, est si pauvre en chevaux pour les monter.

De toutes les grandes puissances de l'Europe, la France est celle qui compte le moins grand nombre de chevaux par rapport à celui de ses habitans; et cependant, toutes choses égales d'ailleurs, une nation pourra soutenir des guerres d'autant plus longues, qu'elle pourra pendant plus long-temps lever sur son propre sol, sans l'épuiser, un plus grand nombre de chevaux propres à ses différentes armes, sous le double rapport de la taille et des qualités au plus haut degré possible.

Tous les efforts d'une administration éclairée, chargée de l'entretien et du croisement des races de chevaux, doivent donc tendre à faire produire des chevaux de charrois, de cuirassiers, de dragons et de cava-

lerie légère dans le plus grand nombre possible, en cherchant sans cesse à ajouter à
leurs qualités, sans diminuer leur taille ni
la largeur de leurs membres; elle doit tendre
à ce but, sous peine de voir peser sur elle
une responsabilité immense pour n'avoir pas
préparé pendant la paix de longues et abondantes ressources pour la guerre.

Un Etat ne jouit de toutes les ressources
que les chevaux peuvent lui offrir comme
force militaire, que lorsqu'il ne naît sur son
sol que des chevaux qui, par leur taille et
leur conformation, sont susceptibles de faire
des chevaux de guerre pour ses différentes
armes (abstraction faite du prix que leur
distinction et leurs beautés extérieures peuvent leur assigner). Dans chaque cheval,
comme dans chaque homme, un Etat doit
voir un être capable de concourir à la dé-
fense du pays, à moins que l'âge et les infir-
mités ne viennent y apporter le seul obstacle
possible.

Et c'est à régénérer les races devenues incapables de concourir aux services de l'ar-

mée que doit travailler avec persévérance l'administration des haras, pour les remplacer par des races plus fortes et mieux conformées, multipliant ainsi d'utiles ressources pour l'Etat, tout en créant de nouvelles richesses pour l'agriculture.

La France élève peu de chevaux, parce que la très-grande majorité de ceux qui naissent sur le sol sont invendables; ils sont invendables, parce qu'ils sont sans taille, mal conformés, et inutiles par conséquent aux divers besoins généraux : c'est parce qu'ils ne répondent à aucun de ces besoins qu'ils ne se vendent point; c'est parce qu'ils ne sauraient se vendre que le cultivateur en élève peu, et n'en pourra élever davantage tant qu'on n'aura pas mis à sa disposition les vrais élémens de régénération des races agricoles. Le nombre de chevaux ne s'accroîtra en France que lorsque ces élémens leur auront rendu une valeur, en les mettant en harmonie avec la consommation.

S'il faut donc retrancher encore du nombre des chevaux existant sur le sol tout ce

qui est incapable de concourir aux remontes,
et par conséquent aussi de fournir aux divers
besoins de l'industrie, par leur défaut de
taille et leur défectueuse conformation, cette
disproportion, déjà très-sensible, deviendra
immense, et on trouvera, dans cet état de
choses, la cause de ces achats énormes de
chevaux étrangers, que l'armée, le commerce,
la poste et le luxe sont obligés de faire annuellement; achats honteux pour le pays,
ruineux pour l'agriculture, à laquelle ils en-
lèvent près de vingt millions par an; enfin,
on saura pourquoi, sur 180,000 naissances
annuelles, on ne peut remonter l'armée,
sans que ce soit assurément la trop grande
beauté de ces chevaux qui en rende l'achat
impossible.

Ainsi, parce que toutes les parties de la
France susceptibles de produire des chevaux
et de concourir à la remonte de tous les
services, n'en produisent pas, ou les produisent trop défectueux, le petit nombre de
départemens producteurs reçoit à lui seul
une partie des sommes employées en achats

annuels de chevaux, sans pouvoir suffire à la consommation, et l'autre partie de cette somme passe à l'étranger, qui est loin de nous donner en échange ce qu'il a de meilleur, tandis que la totalité de ces achats devrait être faite entre la majorité des cultivateurs, dont elle augmenterait sensiblement l'aisance; de là l'épuisement de ces départemens producteurs, trop peu nombreux pour fournir aux besoins de l'armée pendant de longues guerres; malheur toujours long à réparer quand il est réparable, parce qu'après avoir enlevé tous les chevaux, on en vient à faire des remontes avec les jumens destinées à la reproduction, et à faire porter trop tôt des jumens trop jeunes, qui ne peuvent donner que des produits de plus en plus imparfaits.

Cependant la France, avec des pâturages assez nombreux, et surtout depuis l'importation des prairies artificielles, peut produire sur la presque totalité de son sol des races de différentes tailles, énergiques et pleines de qualités, et dans les localités malheureusement en si grand nombre où les races n'atteignent pas même les conditions exigées pour nos remontes de cavalerie légère, soit par défaut de taille, soit plus encore par leur détestable conformation, la cause en est dans l'abâtardissement de ces races, suite d'un abandon impardonnable dans le découragement des cultivateurs, suite de cet abandon, mais non dans les conditions absolues du sol, du climat ou des herbages.

Une direction des haras doit donc s'attacher à relever ces races, trop long-temps négligées, afin de remplacer par la suite des milliers de chevaux sans valeur pour la France comme pour celui qui les élève, et destinés à végéter et à mourir chez le cultivateur, qui n'en tire que peu de travail et nul profit, par des chevaux également propres aux remontes et aux divers besoins généraux, affranchissant la France de la dépendance de l'étranger et répartissant au bout de quelques années entre la généralité des cultivateurs, les sommes énormes employées aujourd'hui en importations.

De deux cavaliers également braves, montés sur des chevaux également souples, celui
qui aura le plus grand cheval jouira incontestablement d'un avantage sur son adver-
saire. Or, à l'exception de quelques régimens
de hussards prussiens, la cavalerie de toutes
armes, autrichienne, russe, prussienne et anglaise, est généralement remontée en chevaux
de haute taille; d'un autre côté, la cavalerie
légère, après avoir fait le service de tirail-
leurs, étant appelée à exécuter des charges en
masse, et dans ces charges, l'ampleur et la
plus grande élévation des chevaux étant une
des conditions du succès, ces considérations
ont déterminé à exiger plus de taille et plus
de corps qu'on n'en exigeait autrefois des chevaux de cavalerie légère, avec d'autant plus
de raison que les escadrons de lanciers qui
encadraient les régimens de chasseurs, et qui
ont été réunis depuis en régimens spéciaux,
exigent des chevaux plus forts et plus ouverts
que ceux du reste de la cavalerie légère.

On doit donc retrouver dans la conformation des étalons du gouvernement la pen-

sée qui préside aux remontes, et non seulement cette direction aura à régénérer les races abâtardies, mais encore à donner généralement plus de taille à toutes les autres.

Il est d'autant plus facile d'entretenir un
régiment dans un état satisfaisant de prospérité, par un régime bien approprié, qu'il y a
plus d'unité dans la race de chevaux qui le
composent, et par conséquent plus d'analogie dans leur tempérament et dans leur conformation. De là une vitesse plus égale, plus
d'ensemble dans les manœuvres, et par conséquent dans les charges, point important
qui en assure le succès, et des régimens
composés de chevaux de contrées diverses
et éloignées, de tempérament, de conformation, et par conséquent de vitesse différentes,
ont tous les inconvéniens de chacune de ces
races sans en avoir aucun des avantages.

Il faut donc à un état des races non seulement nombreuses et énergiques, mais encore ayant entre elles des analogies attes-
tant qu'elles sortent des mêmes sources.

La France possède des races d'une bonté

et d'une beauté inappréciables pour créer
de semblables chevaux, et si la race de perfectionnement n'y est point implantée, la
cause en est dans l'imprévoyance de l'administration, et non dans la difficulté de l'établir en France d'une manière stable.

Lorsque je dis que la direction des haras
pour atteindre le but principal de son insti-
tution doit s'attacher avant tout à faire pro-
düire des chevaux pour nos différentes armes, qu'on ne pense pas que j'entende par
là ces chevaux de troupe tels qu'on les voit
aujourd'hui dans les rangs de notre cavalerie, ignobles, informes, sans allure, sans vitesse comme sans ardeur, étonnant les étrangers par leur médiocrité, et dégoûtant avec
raison le cavalier condamné à les monter;
non, ce qu'on doit faire produire c'est le cheval de guerre, animal fort et vigoureux, ar-
dent et athlétique dans ses proportions,
quelle que soit sa taille, à front large et plat,
à poitrail ouvert, à côtes arrondies, à membres larges et nerveux, tous garans des
bons et longs services qu'il peut rendre; ce

que je veux, parce que cela peut être, c'est qu'il ne naisse pas en France un cheval plus petit que la taille des chevaux de hussards, ni moins membré qu'un bon cheval de guerre ne doit l'être pour cette arme, chevaux enfin à fortes proportions parce que pour tous les usages ce sont les meilleurs; tout cheval ayant ces conditions, quelle que soit d'ailleurs sa beauté, et par conséquent sa valeur, sera à mes yeux le cheval de guerre, le cheval qu'il aura fallu produire.

Par les raisons que j'ai dites, l'armée veut des chevaux de taille, la poste et l'industrie veulent des chevaux de taille à fortes proportions; enfin le luxe, pour la selle, la voiture, la chasse ou le cabriolet, veut des chevaux de taille largement membrés. C'est donc à une direction éclairée à connaître les besoins de tous pour les satisfaire, à les connaître pour éclairer les producteurs sur leurs intérêts en leur indiquant ce qu'il faut produire pour la consommation, et en leur en donnant les moyens.

Tous ceux qui consomment des chevaux

veulent des chevaux de taille et à larges proportions, parce qu'ils ont reconnu qu'ils ne
sont ni moins vites, ni moins légers que les
chevaux élancés et à membres grêles; les chevaux de chasse de l'Angleterre, les chevaux
meklembourgeois, danois, transylvains de la
haute race, et hongrois, sont là pour prouver
cette vérité; leurs côtes ne sont point plates,
leurs épaules ne sont point étroites, leurs
membres ne sont point grêles, et toutes ces
races très-membrées joignent à la vigueur et
à la souplesse, la légèreté et la vitesse. Qu'on
multiplie maintenant le poids de ces chevaux à fortes proportions par leur vitesse
au moins égale à celle de ces chevaux grêles
et manqués, qu'on voit si souvent dans les
rangs de notre cavalerie, et on connaîtra
l'immense différence de la force d'impulsion
des uns et des autres.

Et quelle est cette force gigantesque, ir-
résistible, d'un régiment de cuirassiers se
précipitant sur des carrés d'infanterie, n'est-
elle pas dans le poids des masses multiplié
par leur vitesse? or, plus large sera le poi-

trail de chaque cheval, plus ample la
croupe, dont le poids ainsi que la force
des jarrets qui la supportent chassent ce
poitrail en avant, plus larges ces jarrets,
et plus ces terribles escadrons produiront
un effet sûr; occupant d'ailleurs d'autant plus de place qu'ils seront remontés
en chevaux plus étoffés. Je sais que l'ardeur des Français qui les montent, le
coup électrique qu'ils reçoivent et qu'ils
communiquent à leurs chevaux à ce com-
mandement si impatiemment attendu, garde
à vous pour charger, sabre à la main; cette
force morale enfin est une des puissances
qui concourent au succès, et c'est certaine-
ment à cette force morale qu'ont été dus les
longs succès de nos régimens de cavalerie,
si mal montés dans les dernières campagnes,
alors que Napoléon n'avait plus le Hanovre
et l'Allemagne pour fournir à ses remontes:
mais si inférieurs en nombre et mal montés,
ils ont lutté souvent avec avantage, toujours
avec gloire, qu'eussent-ils fait, montés aussi
bien que leurs ennemis, et, mieux encore

comme ils eussent pu l'être sans sortir de la France et sans puiser ailleurs que dans ses races régénérées? Non que je veuille faire des chevaux de guerre, des masses informes, non, rien de trop, mais beaucoup de tout, de tout ce qui constitue le cheval vigoureux et bien développé.

Tels sont les chevaux que je voudrais voir implantés sur notre sol, et qu'il est si facile d'y créer, chevaux riches de formes et de membres, ayant entre eux une complète analogie parce qu'ils seront tous le résultat de deux bases uniques, analogies modifiées par la différence de taille, conséquence immédiate des variétés de notre climat, de nos herbages et des configurations diverses des diverses localités.

Ce sont de pareils chevaux que la France peut attendre en abondance au bout de dix ans de l'application d'un système basé sur l'expérience et que le cultivateur adoptera tout naturellement parce qu'il y trouvera un bénéfice assuré.

La cavalerie remontée en chevaux d'une

heureuse conformation, d'une vitesse supérieure et plus égale, la France pouvant remonter sa cavalerie pendant long-temps en
puisant sur son propre, sol sans craindre l'é-
puisement des races, tous les services de notre industrie assurés, le luxe satisfait et n'allant plus faire ses achats chez l'étranger;
20 millions retranchés à l'importation et
circulant parmi les producteurs de départemens, ajoutant à la prospérité de notre agriculture; plus une exportation quadruplée,
voilà le résultat, le résultat certain d'une
marche raisonnée et déjà sanctionnée par
l'expérience, plus enfin une économie annuelle de 164,000 fr. sur l'allocation actuelle
des haras.

EXAMEN CRITIQUE

DES HARAS DE FRANCE.

En voyant la France si pauvre en chevaux sous le rapport du nombre, plus pauvre encore sous celui des qualités, de la taille et des beautés extérieures; des races, autrefois distinguées, aujourd'hui éteintes, perdues et non remplacées; des départemens entiers hors d'état de produire des chevaux de remonte, même tels qu'on se contente de les acheter aujourd'hui, et ne produisant ni chevaux de poste, ni chevaux de luxe.

Des régimens remontés en chevaux d'une infériorité marquée sur les régimens étrangers, ou remontés en chevaux nés hors de France, mais d'une qualité inférieure ;

Des haras achetant périodiquement le petit nombre d'étalons distingués qu'ils possèdent, et hors d'état de les reproduire au même degré de pureté, et les achetant à l'étranger, dont ils restent tributaires, n'ayant pas augmenté en France le nombre des chevaux distingués, ne pensant même pas à créer à l'agriculture de bonnes races charretières dans un grand nombre de départemens qui en manquent, et lorsque le nombre de ces chevaux existant en France est insuffisant à la consommation ;

Des dépôts d'étalons composés de toutes pièces, étalons de toutes races, ou d'origines inconnues, qui ne permettent d'asseoir aucune probabilité sur leurs produits ;

Des cultivateurs découragés, montrant dans beaucoup de départemens une juste répugnance pour les étalons du gouvernement, pour les avoir reconnus également impropres à la production, soit comme chevaux de remonte, de luxe ou de culture.

Dans beaucoup de parties de la France, des races dégénérées à tel point qu'elles sont incapables de recevoir immédiatement le croisement des races distinguées sans l'action d'une race intermédiaire qui en amé-

liore préalablement la conformation, moyen
auquel on n'a jamais songé. En voyant enfin
la France si complètement dénuée de chevaux comme force militaire, on se demande
quel a pu être le système adopté par la direction, pour que nous nous trouvions si mal
après quinze ans de paix.

Voilà les faits, ils sont là, déplorables, pis
que toutes les critiques les plus amères :
quinze ans de paix, trente millions prélevés
sur les contribuables comme subventions
pendant ce temps, trois millions enlevés
à l'agriculture pour prix des saillies, et
pour résultat, vingt millions d'importations annuelles, la majorité des remontes
faites à l'étranger, vingt mille chevaux
achetés hors de France en 1830; une cavalerie remontée d'une manière honteuse;
le luxe, l'industrie et la poste ne trouvant
pas sur le sol les chevaux qu'il leur faut,
forcés de les importer; une exportation
nulle, et à côté de cela, des départemens
élevant, en 1832 comme en 1815, des
chevaux invendables, et en élevant peu par

cette raison : position d'autant plus doulou-
reuse, que parmi les nations qui nous entourent, l'Angleterre est arrivée au plus haut
point de perfection dans ce genre ; toutes les
nations au-delà du Rhin se sont occupées de
l'amélioration de leurs races, et ont fait de
sensibles progrès, et que seuls nous sommes
restés au même point, si toutefois nous n'a-
vons pas reculé.

Quel est le but d'une direction des haras ?
Une direction des haras est-elle nécessaire
en France ?

Son but devrait être : De rechercher les
causes qui s'opposent à la production, de
jeter un coup d'œil général sur l'ensemble
des départemens, pour connaître quels sont
les producteurs, quelles sont les races indigènes, base forcée de la production, et la
nature de ces races ;

De régénérer celles de ces races qui, par
leur défaut de taille et leur conformation
trop défectueuse, sont impropres à tous services, et incapables de recevoir immédiatement le croisement des belles races ;

De choisir les races de régénération et de perfectionnement ;

D'entretenir et de perpétuer dans des établissemens spéciaux, et dans leur plus grande beauté, les types générateurs servant au croisement, afin de pouvoir fournir en suffisante quantité des étalons aux diverses régions de la France, sans rester tributaires des nations étrangères ;

De donner de plus en plus de beauté aux races déjà belles, de perfectionner toutes les autres ;

De connaître les services à assurer, et les proportions relatives de ces services, pour diriger la production en conséquence ;

D'éclairer la masse des producteurs sur leurs intérêts, sur les races à produire en harmonie avec les besoins ; enfin, d'exciter la production sur tous les points qui en sont susceptibles, pour répandre le plus également possible parmi les cultivateurs la somme des achats annuels des chevaux, en augmenter le nombre, créer par conséquent de nouvelles ressources à l'Etat, et nous affranchir des importations, en augmentant les exportations; d'assurer avant tout de bonnes et abondantes remontes, parce que, avant tout, il faut être forts; puis les divers besoins de l'industrie; enfin, de fournir au luxe de beaux chevaux élevés en France, parce qu'elle peut produire toutes les races à un haut degré de perfection, de beauté et d'élégance.

Est-il atteint ce but? Vingt millions d'importations annuelles et vingt mille chevaux achetés à l'étranger au premier bruit de guerre sont là pour répondre.

Une direction des haras ne sera plus nécessaire en France, quand la masse des grands propriétaires, habitant la campagne une partie de l'année, aimera les chevaux, en élèvera avec intérêt, aura des connaissances en ce genre, attachera surtout assez d'importance à la conservation des races pures, pour qu'il soit certain que les races existeront toujours dans cet état de pureté; quand les cultivateurs élèveront généralement des chevaux, auront des connaissances suffisantes, sauront apprécier les avantages

d'un système d'éducation suffisamment ex-
périmenté, et lorsqu'ils trouveront chez le
riche propriétaire des étalons de distinction
et de races pures; quand les races détestables
répandues dans nos campagnes, et qui sont
une plaie pour l'agriculture, auront disparu
pour être remplacées par de belles et fortes
races agricoles; lorsque enfin le goût du
bien-être, le goût de la campagne, et surtout l'amélioration de nos détestables chemins communaux, en rendant la circulation
facile dans une voiture commode, auront
rendu la consommation des beaux chevaux
plus générale; alors peut-être on pourra se
passer d'une direction des haras : nous sommes loin de là; mais dans l'état actuel de
nos races, avec le découragement des éleveurs, sans races de perfectionnement im-
plantées sur le sol, sans système fondé, une
direction, mais une direction éclairée, adop-
tant des principes vrais et les mettant en
pratique avec activité, une telle direction
peut et doit rendre les plus grands services :
ils sont encore à rendre.

La direction des haras, telle qu'elle est aujourd'hui, suit-elle un système quelconque? L'assemblage bizarre d'étalons de toutes espèces, distribués sans discernement dans les haras et dépôts, doit faire penser que non. En existe-t-il un? je ne demanderai pas quel il est; les résultats sont là pour le juger.

J'appellerais système des haras un plan d'amélioration de nos races indigènes reposant, soit sur des expériences faites sur le sol même, et le temps n'a pas manqué pour cela, soit sur l'expérience des nations qui nous entourent et dont les améliorations présentent les résultats les plus satisfaisans, appliquant ces principes avec ensemble et persévérance à toutes les localités qui en sont susceptibles, en en modifiant les moyens à cause de la différence des mœurs et du point de départ.

Le cultivateur qui élève des chevaux doit pouvoir les vendre à l'âge de 4 ou 5 ans, après s'en être servi aux travaux les moins pénibles de la campagne, pour les rem-

placer par les élèves qui se succèdent annuellement; c'est de cette succession de génération activée par la facilité de la vente
que naît l'abondance des chevaux dans un
pays, et la certitude de la vente naît de l'analogie de la production avec les besoins de
la consommation; mais si la mauvaise qualité de ces chevaux, petits, étroits et peu
membrés, rend cette vente impossible, le
cultivateur voit mourir dans ses mains un
capital qu'il ne peut réaliser; il se décourage
alors, n'élève plus et ne peut plus élever
que pour ses seuls besoins; peu soigneux
par sa nature, il le devient encore moins
par la certitude de ne tirer aucun profit de
ses élèves, et ces chevaux, déjà mauvais,
s'amoindrissent et dégénèrent encore, et
d'une manière d'autant plus rapide que la
direction n'ayant pas présenté jusqu'à présent les étalons qui seuls pouvaient relever
ces races, ces cultivateurs se servent d'étalons indigènes, qui, entachés des mêmes
vices devenus héréditaires par la prolonga-
tion des causes qui les ont fait naître, ne

peuvent transmettre à leur descendance que les signes certains de leur abâtardissement. La Lorraine, l'Alsace, une grande partie des départemens du centre et du midi de la France, cultivent avec ces races détestables sans que la direction ait rien fait pour changer la masse de ces chevaux défigurés par le plus complet abâtardissement.

Les étalons de perfectionnement, pris parmi les races les plus brillantes par leurs qualités et leur beauté extérieures, sont destinés à donner aux races sur lesquelles ils agissent, plus de moyens, d'énergie, de vitesse et d'élégance, mais la beauté de ces races distinguées étant le résultat des plus justes proportions et n'ayant en elles rien de surabondamment développé, comme empleur du corps et comme largeur des membres, elles agissent plutôt en épurant les formes sous le rapport de la pureté des contours que sous celui du plus grand développement de ces formes ; aussi, pour que leur croisement avec les races indigènes réussisse, doivent-elles rencontrer dans ces

races, pour premières conditions, de larges
proportions, parce qu'en d'autres termes
ces belles races tendant à donner rapide-
ment trop de finesse à leurs produits,
doivent rencontrer pour bien réussir une
tendance contraire.

Ainsi, telle race agricole très-commune
en apparence, sera cependant très-suscep-
tible de recevoir avec succès l'action des
races distinguées si elle possède généralement les caractères suivans : des côtes
parfaitement rondes, parce que de cette
base essentielle dépendent toujours d'autres
qualités qui en sont comme les consé-
quences, telles que des hanches larges qui,
avec des côtes bien arrondies, forment chez
la jument, dont le flanc est habituellement
long, un vaste bassin dans lequel tel germe
que ce soit trouvera toute la place nécessaire à son développement, des épaules
ouvertes qui sont encore la conséquence
presque forcée de côtes formant bien le
cerceau et qui contribuent si puissamment à
la bonne constitution du cheval en laissant

aux organes de la respiration toute la place nécessaire à leur facile dilatation ; enfin des membres largement proportionnés pour supporter cette charpente fortement prononcée et près de terre. Avec une telle conformation, une race indigène peut manquer d'élégance, de vitesse et de légèreté, mais à cause de la surabondance de ses proportions, elle comporte tous les élémens de succès pour son croisement avec les races distinguées. Cette vérité n'a pas été assez appréciée ni assez approfondie en France, et c'est pour cela que nos grosses races charretières, remarquablement belles, dans ceux des départemens en trop petit nombre qui les produisent, sont justement les seules que l'on n'ait pas croisées avec les races de perfectionnement.

Mais lorsqu'une race indigène est tombée dans un état de dépérissement et d'abâtardissement, tel que sa conformation est devenue défectueuse en tous points ; avant de s'occuper de lui donner de la distinction par des étalons élégans et fins, il est néces-

saire de reconstituer en elle les bases premières qui constituent les bonnes races, en
combattant des côtes plates, des épaules
étroites, des membres panards, crochus et
grêles, et une maigreur devenue constitu-
tive, par l'action d'une race surabondamment pourvue des fortes proportions qui
manquent à la race à régénérer; chevaux
forts, mais sans distinction qui commencent
par donner un peu de vitalité à ce sang
appauvri, en lui rendant les conditions nécessaires à son croisement avec les belles
races. Ce moyen si rationnel eût été d'autant
plus avantageux, qu'il eût produit d'abord
des chevaux d'une utilité générale dont on
n'est jamais trop pourvu, et dont la France
manque sous le rapport du nombre, tout en
préparant pour l'avenir, l'action possible
des races distinguées sur une nature rajeunie
et moins défectueuse.

Cette première condition, d'une indis-
pensable nécessité, n'a pas été remplie, et
cependant ce que le simple raisonnement
semblait indiquer eût amené nos haras bien

près du système qui peut seul créer des chevaux en France, et l'application immédiate des races distinguées à des races immuables dans leur infériorité, est l'une des causes les plus graves du mauvais succès de nos haras, elle n'a produit que des chevaux sans taille et sans conformation satisfaisantes, ne parlant ici que des races agricoles qui sont la base de la production et non d'exceptions obtenues par quelques propriétaires avec des jumens supérieures, exceptions qui viennent prouver que dans ces localités, les herbages, le sol et sa configuration, ne sont pas directement contraires à l'éducation des chevaux, et qu'en améliorant la nature des jumens, le succès était assuré. Il fallait donc commencer par là.

Les producteurs, éleveurs de chevaux, peuvent se diviser en deux classes : les grands propriétaires, qui ne font point valoir ou ne cultivent qu'une faible partie de leurs domaines, et les cultivateurs, propriétaires ou fermiers.

Les grands propriétaires sont en minorité, et, malheureusement en France, c'est la minorité de cette minorité qui élève des chevaux, par des raisons qui ne sont pas toutes étrangères à la direction ; et parce qu'il n'y a que bien peu de grands propriétaires faisant des élèves, il n'existe dans presque aucun département une race distinguée, entretenue, perpétuée, conservant un caractère original, et pouvant comme telle former une base de production.

Quant aux cultivateurs, fermiers ou propriétaires, ils élèveront tous dans les nombreuses parties de la France qui comportent des élèves, du jour où on leur aura présenté les véritables étalons régénérateurs de leurs races, parce que, à l'exception des environs des grandes villes, où les denrées se vendent mieux en nature, la fortune du cultivateur, c'est la consommation sur place; et les chevaux, lorsqu'ils sont d'une vente facile, sont une source de prospérité pour celui qui les élève et qui les utilise pendant leurs premières années, en les appliquant aux travaux de la campagne.

Pour les remontes, la poste et l'industrie, c'est donc sur le cultivateur qu'il faut compter, et ce sont de tels chevaux qu'il faut d'abord se contenter d'obtenir des producteurs nouveaux, sans expérience et sans connaissance en ce genre, qui habitent les nombreuses parties de la France, dont les races sont aujourd'hui d'une infériorité désespérante ; et de même qu'avant de faire agir les races pures sur les races appauvries, il faut régénérer celles-ci par une race intermédiaire forte et surabondamment pourvue des qualités qui leur manquent : de même aussi, avant d'attendre des cultivateurs les connaissances nécessaires à l'éducation des beaux chevaux, il faut leur faire élever d'abord des chevaux robustes et demandant peu de soins, menant ainsi de front, la régénération des races, et l'éducation de ceux qui doivent les élever.

Si la majorité des grands propriétaires eût élevé des chevaux, ce qui n'est pas, ce qui ne sera jamais sous la direction des haras telle qu'elle est aujourd'hui, l'administra-

tion eût pu espérer que de riches producteurs se seraient pourvus de jumens supérieures à celles qu'on trouve dans les
départemens qu'ils habitent, et alors, en
supposant nos étalons, aussi bien choisis
qu'ils devraient l'être, de belles races eussent
pu être fondées, ce qui du reste n'eût point
assuré le service de l'armée et de l'industrie ; mais puisque les cultivateurs sont la
base presque unique des éleveurs de chevaux, force a donc été de se servir de la
race agricole indigène, si défectueuse qu'elle
fût, comme base forcée de la race qu'on
voulait créer, puisqu'elle se trouvait entre
leurs mains, à moins que la direction
n'ait eu la folle espérance d'amener la
masse de ces cultivateurs à acheter des jumens meilleures ; et parce que la majorité ,
la très-grande majorité de nos races agricoles est dans un état de dépérissement tel
qu'elles ne sauraient recevoir le croisement
des belles races avec quelques chances de succès , force était donc encore de commencer
par leur rendre les conditions de conforma-

tion, bases nécessaires à leur croisement.

Le succès était attaché à cette première amélioration ; tant qu'elle n'aura pas eu lieu sur tous les points de la France, il ne faut rien espérer de nos haras ; et tous les étalons réunis, les plus réellement distingués, non seulement ne produiront aucun bien, mais produiront un mal réel, en ajoutant leur finesse naturelle à la finesse d'appauvrissement de nos races indigènes.

Ainsi, la direction n'a su apprécier, ni les producteurs, ni les races, faisant la base de la production, ni leur nature, et n'a pas su davantage régénérer ces races pour en rendre le croisement possible.

Ce qu'il y a de remarquable, c'est que la France possède des races charretières de diverses tailles parfaitement belles et bien conformées, et que jusqu'à présent la direction a sommeillé auprès de richesses inappréciables, appliquées comme elles eussent dû l'être depuis long-temps à la régénération des races de nos campagnes, dont elles eussent changé la nature en leur rendant

les fortes proportions qui leur sont nécessaires. D'un autre côté nos haras entretiennent quelques étalons de ces grosses races
dans les dépôts de ceux de nos départemens
qui les produisent de temps immémorial,
sans avoir jamais songé à les propager dans
d'autres parties de la France.

Enfin, en mettant de côté la régénération
nécessaire des races indigènes comme élé-
ment premier de toute création de races, la
direction ne sait-elle pas encore que depuis
15 ans les industries de tous genres qui consomment des chevaux ont pris un accroissement immense, que la consommation des
chevaux de trait a par conséquent suivi cette
progression et dépasse de beaucoup, comme
le constatent les importations, la production
de ceux de nos départemens qui élèvent ces
races? d'où il résulte que l'industrie paie
ses chevaux un prix trop élevé pour sa prospérité; ne s'ensuivait-il pas la nécessité d'augmenter la production de ces races pour suffire
aux besoins croissans? Heureuse qu'eût dû
être la direction de créer dans de nou-

veaux départemens une nouvelle industrie.

Non, aucun besoin n'a été ni senti ni prévu, et n'a par conséquent été satisfait.

On entend par races pures en général des races de chevaux se perpétuant depuis une longue suite d'années sur le même sol, par leurs propres élémens, sans le concours des races étrangères, conservant cependant les mêmes conditions et ne portant par conséquent aucun signe de dégénération; ces races peuvent être plus ou moins belles, d'une nature ou d'une autre, mais parce que depuis des siècles elles conservent un caractère d'unité et de perpétuité, on peut les appeler races pures, c'est-à-dire exemptes de mélanges.

On entend par croisement l'action d'étalons d'une race quelconque sur une race d'une autre nature pour opérer le mélange de ces deux races.

Enfin, on entend par races croisées les résultats du mélange de ces deux races différentes, chevaux créés par l'art, et dans lesquels les élémens divers dont ils sont le produit peuvent avoir concouru à des degrés différens par des croisemens plus ou moins répétés.

On comprend aisément que des étalons d'une race pure peuvent être plus ou moins en harmonie avec la race à croiser, mais que portant en eux un principe d'unité antique et forte, les résultats de ce croisement devront être constamment les mêmes.

On comprend encore que les étalons de races croisées, si beaux qu'ils puissent être, n'étant que le résultat fortuit et artificiel de deux races distinctes n'ayant point encore de caractère, devenu précis par une longue suite de générations, ne sauraient donner aux races sur lesquelles ils agiraient les avantages qu'ils n'ont pas eux-mêmes, que les résultats en seraient très-incertains, et que de tels étalons ne pourraient fonder des races dans nos départemens.

Il existe aujourd'hui très-peu de races pures, presque toutes ont subi des modifications plus ou moins sensibles par des croisemens plus ou moins répétés; l'antique et superbe race arabe, la belle race anglaise de pur sang, qui est cette race arabe acclimatée, et les bonnes et fortes races charretières de la France sont peut-être les seules ayant encore aujourd'hui un caractère de pureté bien authentique.

Depuis qu'il existe des haras en France, on a dû chercher quelles étaient les races les plus convenables à la régénération et au croisement des races indigènes ; on a dû finir par choisir ces races, et l'action constante de ces étalons sur les races à améliorer a dû faire la base du système suivi.

Les étalons de sang divers et de tant de races croisées qui peuplent indistinctement nos dépôts, prouvent assez qu'on n'a rien fait de semblable.

Le choix de ces races de perfectionnement une fois fixé, la première chose à faire c'était d'acheter à tout prix les plus beaux types étalons et jumens, de ces races étrangères très-précieuses pour notre prospérité à venir, d'en perpétuer les générations dans des établissemens spéciaux, afin de pouvoir remonter nos établissemens en étalons de la plus grande beauté et de la plus grande pureté possibles, sans se constituer les tributaires des pays étrangers qui nous les auraient fournis.

Tels sont du moins les premiers soins qu'on devait attendre de l'administration; ils n'ont n'ont pas été pris, et la direction qui entretient deux haras producteurs, pour n'avoir pas acquis des types assez distingués, et plus encore, pour n'avoir pas remonté ces deux établissemens de jumens de même origine que ces types, n'obtient que des produits très-inférieurs au générateur, dont la race abâtardie par conséquent, remonte nos établissemens d'étalons imparfaits, forcée qu'elle est encore d'importer de nouveaux générateurs à chaque extinction, comme si le prix élevé des jumens de race pure à importer une fois pour toutes dans ces deux haras n'eût pas été plus que compensé par la somme des achats successifs et sans résultat d'étalons étrangers qu'il eût été inutile alors de renouveler.

Il était d'autant plus nécessaire de perpétuer ces belles races en France par l'importation d'étalons et de jumens semblables, qu'en supposant une race étrangère de perfectionnement bien appropriée, les types de ces races choisies avec soin, ces races mises immédiatement en contact avec les jumens indigènes ont un grand inconvénient; qu'elles viennent du midi ou du nord, elles ne sont point acclimatées, et leurs produits en sont toujours, pour cette raison, plus ou moins imparfaits. Ainsi, le cheval arabe importé fait habituellement plus petit et plus délicat que lui, et cet inconvénient est d'autant plus sensible que les produits en sont moins soignés et moins abondamment nourris, tandis que les fils d'arabes de père et mère, au bout de quelques générations, et avec des soins assidus, étant parfaitement acclimatés, reprennent de la taille, dépassent même celle des premiers générateurs, et font les étalons les plus parfaits pour la propagation des belles races.

Le cheval anglais, quoique né dans une

région très-voisine de la France, demande quelques années d'acclimatation dans nos régions moyennes, et peut-être une génération entière pour nos régions du midi, dans lesquelles, sans cela, ils réussissent fort mal comme étalons. Enfin, les étalons mecklembourgeois envoyés en Normandie par l'ordre de Napoléon, et qui n'ont donné que des résultats de la médiocrité la plus marquée, eussent sans doute fait moins mal après une génération.

Pour n'avoir pas compris ces premières données, nous avons deux haras qui ne produisent que des étalons très-médiocres, et nous sommes réduits à continuer à l'étranger et à grands frais des achats qu'il eût suffi de faire une seule fois, nous soumettant gratuitement à chaque renouvellement aux chances du voyage, de l'acclimatation individuelle, ainsi qu'à l'infériorité des produits pendant ces premières années, mettant à ces achats un prix d'autant moins élevé qu'ils doivent se renouveler plus souvent, et par cette raison aussi, n'important pas les plus beaux étalons. Enfin, les importations ne sont pas toujours possibles; de longues guerres peuvent se succéder; les importations cessant, aucun établissement ne pouvant les remplacer, les races s'abâtardiront de plus en plus, et au bout de quelques années on cherchera inutilement le fruit de dépenses énormes et sans résultat, parce qu'elles auront été mal entendues; tandis qu'en remontant une fois pour toutes des établissemens spéciaux, en étalons et jumens de même origine, on assurait l'indépendance des haras; et parce que les achats ne devaient plus se renouveler, on y pouvait consacrer une somme assez élevée pour obtenir les types les plus parfaits.

La direction n'a donc pas su, en quinze ans de paix et avec tant d'argent, doter la France de belles races génératrices acclimatées et perpétuées sur le sol.

Lorsqu'on se détermine à croiser une race, c'est qu'on la reconnaît imparfaite, soit par des vices de conformation, soit par des vices de constitution, enfin inférieure à la race qu'on destine à la croiser, et qu'on doit chercher complètement exempte des vices qu'on veut combattre. Il est alors évident qu'une fois la race de perfectionnement choisie, c'est cette race seule et pure qu'il faut faire agir, et que tout étalon produit de l'étalon de perfectionnement et d'une jument de la race à croiser, portant au moins dans son sang, si ce n'est dans sa conformation extérieure, les vices de conformation ou de constitution qui ont déterminé à croiser la race de sa mère, cet étalon sera non seulement inférieur à son père, mais hors du principe qui aura fait employer son père. En effet, s'il a reçu de l'étalon de race pure le germe des beautés qu'il possède, il hérite de sa mère son tempérament, fruit du sol sur lequel elle a vécu, avant et pendant la gestation, et les vices caractéristiques de la race de cette dernière, dont il devra transmettre le principe aux jumens du mêmes ol, chez lesquelles ce principe des vices indigènes n'aura que trop de disposition à reprendre toute son influence. On aura donc dans l'étalon de race pure un principe ascendant de perfectionnement, et décroissant dans l'étalon de race croisée. De tels étalons perpétuent les vices qu'on a voulu combattre, et au bout d'un temps donné, la race indigène pourra être modifiée, mais elle sera dénaturée, et non perfectionnée.

Les jumens, résultat du croisement, croisées de nouveau avec l'étalon de race pure, étant au contraire en progression croissante de perfectionnement.

L'influence d'un sang pur et étranger à la race indigène peut donc seul en détruire les vices caractéristiques.

Malgré l'évidence de ce principe, on retrouve, dans tous les dépôts d'étalons, des fils de jumens du pays et d'étalons de race pure, ou plus ou moins pure, destinés et employés à la reproduction, et par conséquent aussi destinés à perpétuer les vices de la race locale : d'autres produits de ces croisemens sont envoyés dans d'autres établissemens, où ils viennent ajouter les vices qu'ils tiennent de la ligne maternelle à ceux de la race indigène de cette nouvelle localité, et augmenter la confusion.

Ce sont ces étalons de race croisée qui forment la très-grande majorité des étalons de la direction, et voilà ce qui explique la multiplicité des vices héréditaires qui se propagent, se multiplient et infectent nos races dans toutes les parties de la France, c'est l'inoculation la plus certaine et la plus vicieuse.

Les races croisées de jumens normandes qui ne sont plus elles-mêmes aujourd'hui qu'un mélange de sang divers, allant propager ailleurs le cornage et la pousse qui déciment cette race et qui finiront par la perdre, les races croisées de jumens lorraines et béarnaises, transportant dans d'autres départemens la cécité qui est le vice de constitution profondément enraciné chez ces races. Les races croisées de jumens limousines, lorraines et béarnaises, important ailleurs la tendance de leur conformation à côtes plates, à épaules étroites et à membres grêles.

Pourquoi en est-on réduit à se remonter d'étalons si rationnellement impropres à la reproduction? C'est que les deux haras institués pour produire des étalons, n'en produisent pas assez pour remonter nos dépôts; ils en produiraient assez, que nous n'en serions pas mieux, parce qu'avec des étalons inférieurs à ce qu'ils devraient être, et des jumens qui ne sont pas de même origine que ces étalons, on n'obtient encore que des chevaux de races croisées, et de plus ils sont très-imparfaits, même comme tels, parce que non seulement les jumens ne sont pas de même origine que les étalons de ces haras, mais encore elles sont fort médiocres en elles-mêmes. Pour n'avoir pas constamment recours aux achats en pays étrangers, on achète donc sur les lieux les produits les moins imparfaits d'étalons déjà peu remarquables, en donnant pour raison que ces achats encouragent l'éducation des chevaux, et pour mieux encourager l'éducation des races meilleures, on rend toute chance de progrès impossible, en perpétuant les vices locaux et en les propageant ailleurs.

J'ai dit que nous avions reculé, on en connaît maintenant une des raisons.

Ainsi, parce que la direction n'a pas su importer et perpétuer des races pures et belles, ni produire un assez grand nombre d'étalons pour remonter les dépôts, non seulement elle n'a pas édifié, mais elle a détruit.

En supposant que plusieurs races puissent être employées au croisement des nôtres, on peut penser que telle race convient à telle localité, et telle à telle autre, mais il ne s'ensuit pas, et au contraire, que quatre ou cinq races très-distinctes conviennent également. On ne devrait donc retrouver dans la très grande majorité des étalons d'une circonscription quelconque, que ceux de la race reconnue la plus convenable au croisement de la race locale, et non comme on le voit dans nos établissemens, des étalons, non seulement de toutes les races pures, ou supposées telles, mais encore de toutes races croisées, et croisées à tel point qu'on n'en saurait indiquer l'origine, trouvant ensemble, arabes, anglais, normands, limousins et meklembourgeois; les sous-races et mélanges de toutes ces races avec les jumens du pays, concourant pêle-mêle à la reproduction, détruisant toute originalité et toute homogénéité, et entassant les uns par-dessus les autres les vices caractéristiques et les imperfections de toutes les origines indigènes. Qu'attendre de ces mélanges sans règles et sans suite? Quel ensemble ces échantillons de toutes les races pures ou croisées pourront-ils donner à la race locale? et cependant il faut de l'homogénéité et de l'ensemble dans la création d'une race, pour sa propre conservation et pour qu'il soit possible de lui imprimer une direction utile aux divers besoins.

Qu'on m'explique donc au milieu de ce chaos ce qu'on veut faire et quelle est la marche suivie par les haras.

Si la direction n'a pas su importer et perpétuer les races pures et produire en raison de ses besoins, elle n'a pas su davantage répartir les élémens tels qu'ils se trouvaient entre ses mains, et par là elle a achevé d'effacer partout le caractère original des races autrefois connues en France.

On compte en France 1,200,000 jumens, et 180,000 naissances annuelles. Par conséquent moins d'un septième des jumens est employé à la reproduction.

Les étalons du gouvernement sont au nombre de 1,287.

Un étalon peut saillir dans la saison de la monte soixante jumens; mais, comme un grand nombre des étalons du gouvernement sont hors d'âge, et comme dans plusieurs parties de la France les cultivateurs ont à peine recours à ces étalons, il faut réduire le service de chaque étalon à trente jumens, évaluation encore trop élevée à en juger par le chiffre de 200,000 fr., inscrit au budget comme recette pour la totalité des saillies annuelles. Ce qui, à 6 fr. par saillie, prix très-faible, ne donnerait que vingt-cinq jumens par étalon, en tout 38,610 saillies par an.

Les étalons de la direction n'interviennent

donc dans la production que pour le quart
à peu près, les trois autres quarts des
naissances sont dues à des étalons inférieurs à ceux du gouvernement, et dans
tous les cas, étrangers à l'action de la direction. Dans cet état de choses, l'administration ne saurait donner à la production
qu'une impulsion très-imparfaite, qui ne
permet point d'espérer l'amélioration de
nos races, abstraction faite des erreurs que
j'ai signalées et qui la rendent complètement impossible.

L'armée, la poste, l'industrie et le luxe
demandent des chevaux de taille à fortes
proportions, on devrait donc retrouver
dans la totalité des étalons du gouvernement
l'expression de ces besoins généraux. Enfin
l'effectif de l'armée est de. 30,000
Celui de la poste. . . . . 18,000.
Les chevaux de l'industrie, du rou-
lage et du hâlage, s'élèvent à peu
près à. . . . . 50,000.
Les chevaux de luxe atteignent à
peine. . . . . 8,000.

Ces services importans, et leurs proportions relatives, devaient éclairer la direction sur la remonte de ses dépôts et sur l'impulsion à donner à la production.

On voit par ces chiffres que les chevaux de fortes races doivent dominer de beaucoup les races élégantes, dans une proportion d'autant plus grande, que n'est pas comprise dans ces effectifs la masse de chevaux nécessaire à la culture. Et cependant après avoir passé en revue nos étalons, composés en très-grande partie de chevaux d'une taille moyenne et peu membrés, résultats de croisemens arabes, anglais et limousins, avec des jumens indigènes de diverses régions de la France, de quelques types purs arabes et anglais, et enfin d'une faible minorité de chevaux à fortes proportions. Ce qu'il faut conclure, c'est que la direction veut arriver le plus promptement possible, et avant tout, à la finesse et à la distinction, en mettant immédiatement ces étalons à proportions élégantes, en contact avec toutes nos jumens indigènes.

Eh bien, je suppose que les deux haras producteurs suffisent à la remonte de nos établissemens en chevaux tels que la direction semble les désirer aujourd'hui ; que les cultivateurs ont recours, et n'ont recours qu'à ces étalons, que les races les plus abâtardies, sans être préalablement régénérées, peuvent recevoir immédiatement l'action de la race de perfectionnement, la direction s'abstenant, comme par le passé, de reconstituer les bases premières des races agricoles, qu'arrivera-t-il au bout d'un temps donné ?

En faisant agir constamment et uniquement les races distinguées, mais fines, sur des races inférieures et généralement petites, grêles et appauvries, on aura pu ajouter à la distinction, à l'élégance, à la vitesse, mais on n'aura rien fait pour des proportions plus fortes, des membres plus musculeux, et une taille plus élevée. Arrivé à ce terme qui semble le but de la direction actuelle, que pourra faire l'agriculture de ces races devenues de plus en plus fines ; et quand on convertirait nos cultivateurs peu soigneux en grooms distingués pour soigner ces races, changerait-on en légère la nature forte des terres à cultiver ?

Avec un seul genre d'étalons on nuit à l'agriculture, en raffinant trop la masse des chevaux ; on nuit aux remontes, en ne produisant que des chevaux fins qui n'auront ni la force, ni les fortes proportions qu'il leur faut et qu'elles demandent ; on nuit à l'industrie pour n'avoir créé que des races de plus en plus éloignées de celles qui lui conviennent, et lorsque les départemens qui la remontent aujourd'hui ne suffisent pas à ses besoins ; et tout cela pour n'avoir à présenter au luxe que des chevaux élégans peut-être, mais sveltes, sans taille et peu membrés, lorsqu'il veut à tout prix des races à larges proportions.

Ainsi, l'action seule d'une race fine détruit tous les services, la seule action des grosses races, charretières, produirait abondamment des chevaux pour plusieurs services utiles, mais aurait pour résultat la perte de toute élégance, vitesse et légèreté, mais l'action proportionnée de ces deux races répond seule à tous les besoins. Nous voilà arrivés par la force des choses au véritable système.

La direction n'a donc su ni apprécier, ni par conséquent satisfaire les différens besoins; non seulement elle n'a pas éclairé les producteurs sur leurs intérêts et sur les races à produire, en harmonie avec les services généraux, mais elle les a entraînés dans une fausse route en excitant une production hors de ces mêmes besoins; ce qui explique pourquoi elle n'a pas augmenté la production.

Les courses instituées en France et empruntées des Anglais, chez qui elles perpétuent les belles races, étaient destinées à avoir de grands résultats si elles eussent été fondées sur les mêmes principes, mais les élémens manquent également à la direction et aux propriétaires.

Les primes et les encouragemens sont loin d'avoir atteint leur but; enfin il manque aux grands propriétaires un des moyens indispensables pour élever des chevaux : de bons chefs d'écurie ; et la direction n'a pas pensé jusqu'à présent, qu'en préparant ce moyen, et la chose lui était facile, elle eût fait un grand pas vers l'éducation possible des belles races.

Mais il serait trop long de suivre la direction des haras de fautes en fautes ; je crois en avoir assez dit pour prouver que, grace à elle, nous avons inutilement dissipé 15 ans de paix et 33 millions.

SYSTÈME.

Après avoir parlé des chevaux comme puissance militaire, et des principes qui doivent faire la base de leur production sous ce rapport; après avoir fait l'examen critique de l'état actuel des haras, et avoir prouvé que tels qu'ils sont aujourd'hui ils sont onéreux et ne peuvent avoir que de fâcheux résultats, il reste à proposer un système complet à mettre à la place des essais incomplets et des tâtonnemens qui perdent nos races.

Mais ce n'est pas d'améliorations locales, ni simplement de l'amélioration des chevaux en France qu'il s'agit ici, c'est de la régénération générale de la masse de nos races; régénération devenue nécessaire, parce que les unes sont tombées dans le dernier degré d'abâtardissement, les autres ont complètement perdu leur caractère distinctif, presque toutes sont minées par des vices graves de constitution ; toutes enfin manquent d'unité et d'homogénéité.

Puisque l'expérience nous manque, c'est donc à l'expérience des autres qu'il faut avoir recours. Parmi les nations de l'Europe, la Russie, la Prusse, le Danemarck, l'Autriche, le Honovre et la Hongrie possèdent de beaux chevaux, et ces nations entretiennent leurs races avec plus ou moins de bonheur et de lumières; mais c'est l'Angleterre, l'Angleterre seule, qui possède des races de chevaux arrivés au plus haut point de perfection, fruit heureux de l'application de principes vrais et d'un système simple, appuyé maintenant sur une longue expérience; et seule elle est arrivée si haut, parce que seule elle a adopté ces principes et ce système.

Ce qui a placé l'Angleterre à la tête des nations pour la beauté de ses races de chevaux, le voici :

Comme système, une seule race de croisement agissant seule sur une seule race indigène ;

La race de croisement se perpétuant pure par ses seuls et plus beaux types, étalons et jumens;

La race indigène s'entretenant et se perfectionnant par ses propres élémens avec autant de soin que la race de croisement;

Ces deux races se perpétuant distinctes et indépendantes.

Conservant ainsi, l'un à côté de l'autre et dans leur originalité, les deux élémens de ce système pour agir avec sûreté et précision dans le croisement de ces deux races, en partant de bases constamment les mêmes.

Comme principe:

N'admettre à la reproduction, soit de la race de croisement, soit de la race indigène, que des étalons purs, chacun dans leur espèce, et n'étant entachés d'aucun mélange quelconque, établissant la progression ascendante de perfectionnement par la seule action de l'étalon de croisement sur les jumens indigènes et sur les jumens provenant successivement de ce croisement, jusques à arriver, par cette progression, à une beauté presque égale à celle de la race pure, sans que les produits les plus heureux de ce croisement puissent jamais être admis à concourir indifféremment à la reproduction.

C'est à ce système et à ce principe, si riches en résultats, que l'Angleterre doit la beauté et la conservation de ses races, cette homogénéité qui distingue ses superbes chevaux, et cette espèce de précision presque mathématique avec laquelle les Anglais peuvent produire dans les individus telle ou telle modification, connaissant les élémens qu'ils emploient, et certains qu'ils sont de les retrouver toujours les mêmes.

L'Angleterre possède une race indigène de chevaux de charrette à larges et fortes porportions, à têtes carrées, à poitrail ouvert, à croupe prononcée, recouverte d'amples muscles dorsaux se terminant sur des côtes bien arrondies; race dont le sang riche et la nature vigoureuse se joignent encore à une aussi bonne conformation pour développer, de la manière la plus parfaite, les germes qui lui sont confiés. Ces chevaux, qui

ont beaucoup d'analogie avec nos gros chevaux flamands, sont comme eux près de
terre, avec un corps un peu trop long, assez
massifs, dépourvus d'élégance, et n'ayant
que les beautés réelles de l'ensemble dans
leurs formes athlétiques.

C'est cette race, entretenue avec soin dans
sa pureté, perfectionnée par quelques étalons de nos grosses races charretières de la
Normandie, qui leur sont analogues et supérieures ; c'est cette race indigène, dis-je, qui
fait l'une des bases des races anglaises.

L'autre base, la race de croisement, c'est
ce qu'on appelle en Angleterre le cheval de
pur sang * ; cheval originairement issu de père
et mère arabes, acclimaté depuis plusieurs
générations, grandi, perfectionné, si j'ose le
dire, par des soins éclairés et soutenus, par
une nourriture bien dirigée et très-substan-
tielle dès l'enfance ; cheval dont la généalo-
gie est tenue utilement avec un soin extrême,
afin qu'il existe une certitude complète qu'il

---

* C'est-à-dire race de pur sang arabe.

descend de chevaux de race pure, connue par leur beauté et des qualités supérieures, et qu'il n'y a dans cette filiation aucun mélange dont l'infériorité puisse se reproduire dans les générations suivantes; mélange qui, en détruisant le principe qui les fait employer, détruirait le système et en changerait complètement la valeur; race pure et belle, rajeunie de temps à autre par des étalons arabes de la plus haute distinction, amenés à grands frais en Angleterre.

C'est ce cheval de pur sang qui est le cheval de course, c'est à la pureté de son origine qu'il doit en principe la rapidité de sa course, et c'est au goût des courses en Angleterre, à cette passion, toute nationale, que sont dues la conservation et la perpétuité de cette race précieuse, dont le type, constamment pur, forme comme le régulateur parfait d'un croisement dont on peut assigner mathématiquement les résultats, comme on peut le pousser au plus haut degré de perfection.

Voilà donc les élémens de cette prospérité qui nous font si justement envie, le cheval de pur sang, avec sa vitesse, son énergie, son fonds, la perfection de ses allures et sa beauté extérieure, mais avec sa tendance à donner peu de membres et de corps à ses produits.

Et la jument de race charretière, avec sa haute taille, ses formes développées, ses muscles pleins et saillans, son corps près de terre, ses membres forts et larges; enfin, avec sa nature surabondante, apportant dans le croisement une autre richesse de proportions qui compense, non les imperfections, mais les inconvéniens du cheval de pur sang, en recevant en échange tout ce qui lui manque de vitesse, d'élégance et de légèreté.

Le cheval de pur sang donnant, par son premier croisement avec la jument de charrette, un cheval appelé cheval de demi-sang, qui souvent a déjà de la beauté, et toujours quelques unes des qualités du père.

Avec la jument de demi-sang, fille de l'étalon de pur sang et de la jument de charrette, un cheval appelé cheval de premier sang, chez lequel on reconnaît les beautés dominantes du pur sang.

Enfin, avec la jument de premier sang, fille d'une jument de demi-sang, un cheval appelé cheval de deuxième sang, dont la vitesse et le fonds, la beauté et l'élégance font notre admiration, comme le prix en fait pour nous un impôt onéreux et peu satisfaisant pour notre orgueil national.

Les Anglais s'arrêtant dans la progression des croisemens, au cheval de deuxième sang, parce qu'il réunit tous les avantages du croisement de ces deux races, taille, vitesse, force et beauté, tandis qu'en poussant plus loin ce croisement, les produits inclinant trop vers le générateur, perdent de la taille, l'ampleur du corps et la largeur des membres, en prenant de plus en plus l'apparence du cheval de course, sans être jamais le cheval de pur sang.

Tels sont les principes et les élémens physiques que l'Angleterre possède enfin après de longues expériences, et auxquels elle doit sa haute perfection sous ce rapport ; joignant encore à ces bases premières, des chemins vicinaux parfaits, qui, en rendant faciles toutes les communications, doublent chez une nation le goût et la consommation des beaux chevaux et des voitures commodes;

Possédant pour élémens moraux le goût passionné des courses et de la chasse à courre, le goût de la campagne, de l'éducation des chevaux, des connaissances en ce genre, une masse d'hommes d'écurie, soigneux, intelligens et aimant les chevaux; enfin, cette persévérance, ces soins éclairés, ce goût de perfectionnement qui caractérise cette nation.

La France produit des races charretières supérieures à celles de l'Angleterre, comme beauté, comme énergie et comme variété de taille; les Anglais en conviennent eux-mêmes, et nous pouvons les croire; ils font mieux, ils prouvent ce qu'ils avancent en achetant en Normandie les plus beaux types de nos grosses races pour perfectionner leur race charretière; et ils paient ces étalons fort cher lorsqu'ils joignent une belle robe à une belle conformation.

Nous avons dans ce genre nos grosses races flamandes, picardes, boulonnaises, cauchoises et du Cotentin, percheronnes, et enfin ces excellens chevaux bretons. Nous sommes donc abondamment pourvus de cette première base, de cette race première, que les connaisseurs anglais et allemands nous envient, sans que nous ayons su jusqu'à présent l'utiliser, malgré l'exemple et les succès d'une nation éclairée.

La race anglaise de pur sang est donc la race arabe développée, naturalisée par des soins persévérans, et perpétuée sur le sol. Mais ce n'est pas dès les premières générations que les produits des arabes importés gagnent en taille et en proportions, et deviennent ce qu'on les voit aujourd'hui : en Angleterre, non seulement ces développemens n'ont pas lieu sur-le-champ, mais il arrive souvent que les premières générations sont inférieures à leurs générateurs, comme taille et comme beauté, et ce n'est qu'après l'épreuve de l'acclimatation que les générations suivantes grandissent et prospèrent

sous la direction de propriétaires éclairés.
Cette lenteur des progrès, qui augmente encore le mérite des Anglais, pour avoir créé
leur race de pur sang si grande et si belle,
tient évidemment au changement trop brus-
que de climat et de nourriture des premiers
arabes importés, changement qui, en éprou-
vant les premiers générateurs, réagissent sur
leurs premières générations, qui semblent
d'abord décliner, puis se relèvent ensuite
avec une acclimatation successive plus parfaite pour arriver à la plus grande beauté.

La France, comme l'Angleterre, a possédé
souvent et possède encore des chevaux arabes; mais l'Angleterre a su conserver cette
race pour se l'assimiler et se la rendre utile;
et nous, nous en avons dissipé le fonds et le
produit, sans penser à l'avenir et sans grands
avantages pour le présent.

L'Angleterre, en perpétuant cette précieuse race chez elle, en a tiré tous les avantages, en attendant avec maturité les bons
effets de l'acclimatation, tandis que les
mêmes races en France, pour n'avoir pas été

propagées par des jumens de même origine,
ont disparu sans rien laisser après elles, et
pour avoir été mises trop tôt en contact avec
des races indigènes très-inférieures et très-
mal conformées, n'ont donné que des résultats généralement imparfaits et fort au-des-
sous de ce qu'on en attendait.

Si la France produit incontestablement
des races charretières supérieures à celles
de l'Angleterre par la bonté, la beauté, la
variété de ces races, comme par leur énergie,
elle aura encore sur ce pays un avantage
marqué, du jour où elle pensera sérieuse-
ment à créer une race de pur sang naturalisée; avantage qui doit rendre notre race pure
non seulement égale, mais supérieure à la
race anglaise.

Cet avantage immense, c'est la beauté et
la variété de notre climat, qui nous permet d'établir, depuis les parties les plus
chaudes de la Provence jusqu'aux herbages
de la Normandie, trois degrés d'acclimatation bien marqués, au moyen desquels
la race importée, passant successivement,

sans secousse, et de génération en génération, du midi au centre, et du centre au nord
de la France, doit arriver plus tôt et plus parfaite au développement de taille et de proportions que l'Angleterre n'obtient qu'avec
beaucoup de temps et à force d'art.

Notre beau climat du midi présentant
encore, avec des analogies de température
communes aux contrées natales de ces races,
l'avantage de produire de ces pailles à moelles
nourrissantes, qui forment une des parties
essentielles de la nourriture de ces chevaux,
et qu'il serait heureux de conserver aux
arabes importés.

Les élémens physiques seront donc en
France supérieurs à ceux de l'Angleterre, du
jour où nous voudrons nous occuper sérieu-
sement de l'éducation des chevaux.

Il nous manque une partie des élémens
moraux qui existent en Angleterre; mais à
cause même de ce qui nous manque sous ce
rapport, en conservant les principes, nous
en pouvons rendre l'application plus générale et plus parfaite.

Mais, parce que ces élémens moraux, très-puissans en Angleterre, manquent en France, il ne faut pas de direction des haras en Angleterre, mais il en faut une en France; une direction, plus un système éclairé, tant que le goût national qui finira par se développer n'en aura pas rendu l'existence inutile.

Il reste à indiquer l'application de ces principes en France :

Comme système et comme principes, adopter le système et les principes anglais; deux races génératrices, s'entretenant et se perpétuant d'elles-mêmes par leurs plus beaux types, se croisant sans se confondre; la race charretière comme base des races indigènes, la race arabe comme base de la race de pur sang.

Et comme moyens :

Créer une race de pur sang, qui, seule et authentiquement pure, remontera nos haras et nos dépôts d'étalons.

Régénérer nos détestables races agricoles

par l'action immédiate et continue d'étalons choisis dans nos belles races charretières, flamande, picarde, normande, percheronne et bretonne; choisissant, selon leur taille et leur analogie, ceux qu'il faudra employer dans telle ou telle localité.

Instituer, pour les courses et les primes d'encouragement, des prix qui soient, par leur nature, un nouveau moyen de prospérité et de perfectionnement, tout en restant une récompense.

Donner aux hommes à gages employés dans les établissemens, une direction telle que ce soit une pépinière d'hommes éclairés et intelligens, dans laquelle les propriétaires qui veulent élever des chevaux puissent venir puiser de bons chefs d'écurie.

Consacrer en principe que les deux races génératrices agiront chacune d'une manière constamment distincte et indépendante, savoir :

La race de pur sang, par la seule action de la direction qui l'aura créée, et pourra seule la conserver officiellement pure;

La race charretière, par l'action départe-
mentale ou des cultivateurs dépositaires,
éclairés et dirigés par la direction, de manière
à perpétuer ces deux races, sans que leur
croisement entraîne la destruction du type
et de l'originalité de l'une ou de l'autre ;

La race pure se perpétuant par les soins
de la direction, les étalons de grosses races
des cultivateurs dépositaires se renouvelant
successivement et constamment par les soins
de cette même direction.

RACE DE PUR SANG.

Fonder trois haras producteurs, destinés
à la création, à l'acclimatation successive, à
la perpétuité de la race de pur sang, ainsi
qu'à la remonte des dépôts d'étalons.

Le premier établissement, formant le
premier degré d'acclimatation, placé dans
la plus belle et la plus douce partie de la
Provence, destiné à recevoir les étalons
arabes et les jumens de même race importés, ainsi que les types arabes importés

à l'avenir. Conservant à ces chevaux exotiques, comme je l'ai déjà indiqué, non seulement la température la plus analogue à la leur, que nous puissions leur donner, mais encore l'une des bases de leur nourriture habituelle, cette paille, à moelle nourrissante, qui croît dans la Provence; enfin autant que possible tout le régime auquel ils ont été habitués, ne soumettant au principe d'éducation anglaise, dont la nourriture à l'avoine dès l'enfance fait la base, que les produits de ces belles races.

Les générations de ces types importés, fournissant des étalons aux haras générateurs des régions moins chaudes, ainsi qu'aux dépôts d'étalons des parties les plus méridionales de la France.

Le second établissement, fondé sur les bords de la Loire, recevant par la suite, du haras de première acclimatation, les élémens qui devront entretenir la pureté de sang de ses produits; et composé, comme premier point de départ, des plus beaux chevaux arabes, importés en France depuis plusieurs

années, et acclimatés autant qu'il est en eux ;
et comme jumens, remonté de jumens anglaises, choisies avec soin, et avec la plus
complète certitude de leur origine pure;
les générations de cet établissement, provenant par la suite des générations des types
importés en Provence, fournissant des générateurs au haras producteur du nord,
ainsi qu'aux dépôts d'étalons des parties
moyennes de la France, et enfin :

Le troisième haras producteur, fondé en
Normandie, devant recevoir à l'avenir ses
types purs de l'établissement du centre, qui
les tiendra lui-même de l'établissement du
midi, remonté quant à présent par des étalons anglais, tels que les connaissances les
plus approfondies, et le prix le plus élevé
peuvent les faire espérer, et de jumens
anglaises, du même sang, choisies avec le
même soin, cet établissement fournissant
des étalons aux divers dépôts des régions du
nord de la France.

Ces trois établissemens, après ce premier
point de départ, perpétuant la pureté et la

beauté de leur race par des types purs de l'importation, dont les générations, successivement et insensiblement acclimatées, doivent atteindre le plus haut point de perfection. Le haras du midi, recevant seul les types successivement importés, et l'établissement du nord n'en recevant les résultats qu'à plusieurs générations de là, et seulement après leur migration dans le haras du centre.

La surabondance des produits femelles de ces trois établissemens, trouvant dans la suite de l'exposé des moyens un emploi peut-être aussi utile que celui des étalons.

Réformer dans nos haras et dépôts, tous les étalons hors d'âge, sans taille et trop défectueux, et ils sont en grand nombre.

Réduire à 600 le nombre des étalons de distinction entretenus par le gouvernement, parce que ces 600 chevaux devant être un jour tous étalons de pur sang, après que les élèves des trois haras producteurs en auront opéré le renouvellement successif; ce nombre suffira pendant long-temps à la France pour le croisement de ses races, lorsque la création de jumens meilleures en aura rendu l'action possible et utile.

Les trois haras producteurs élevant successivement le nombre de leurs jumens poulinières de pur sang, de manière à pouvoir assurer les remontes annuelles des 600 étalons de la direction.

Fonder dans l'un des haras producteurs, une école de grooms, destinée à recevoir un certain nombre de jeunes gens de 14 à 15 ans, ils apprendront à lire, à écrire et à compter; sous la direction du chef d'écurie, ils apprendront à soigner les chevaux, les selles et aciers, l'entraînement des chevaux de course, les soins qu'ils demandent pendant ce temps, et l'art de courir. Le vétérinaire leur donnera des notions exactes sur la conformation extérieure du cheval, sur l'hygiène, l'analyse des divers fourrages, et sur la théorie des diverses ferrures.

Ils apprendront enfin la pratique de cet art sous la direction du maréchal, moins pour savoir forger un fer, que pour pouvoir diriger un maréchal peu intelligent, ou ajuster un à tel ou tel pied, fer déjà forgé.

Une pareille école, bien dirigée, composée d'élèves bien choisis, rendra plus facile l'éducation des beaux chevaux, pour beaucoup de propriétaires qui n'élèvent pas par la difficulté, l'impossibilité même de trouver de bons chefs d'écurie.

Enfin, l'art de courir a ses principes et ses finesses, et nous manquons de coureurs; nous manquons surtout d'hommes sachant bien entraîner les chevaux, et plus de propriétaires s'occuperaient de courses, et par conséquent de chevaux, s'ils pouvaient trouver facilement des hommes sûrs et intelligens; cette école remplirait donc encore ce but.

RACES CHARRETIÈRES.

Les plus belles de nos grosses races *,

* Dénomination sous laquelle on continuera maintenant d'indiquer les races charretières.

devenant d'autant plus précieuses, qu'elles formeront à l'avenir l'une des bases de ce système, on en assurera le perfectionnement, en répartissant entre les divers dépôts d'étalons, situés dans les départemens qui les produisent, les cinquante plus beaux étalons de ces races, et en créant dans trois de ces établissemens des dépôts des plus beaux poulains de ces mêmes races, pour y être élevés selon la méthode anglaise et par conséquent, à l'avoine dès l'enfance, afin d'augmenter chez ces chevaux la taille, la beauté et l'énergie, pour les employer ensuite à la reproduction.

Si l'étalon de pur sang réclame constamment des soins, et des soins éclairés, l'étalon de grosse race au contraire n'a besoin, pour sa conservation, que des soins très-simples que les cultivateurs donnent à leurs chevaux, d'une nourriture abondante, et d'un travail soutenu sans excès.

Pour répandre donc ces étalons, et les mettre à la portée de tous les cultivateurs, sur toutes les parties de la France qui en ont un besoin absolu, pour régénérer leurs races agricoles, et pour créer partout la base première de ce système, il faudra :

Pour chacun des départemens si nombreux, dont les races de chevaux sont d'une infériorité qui en rend la vente impossible,

Choisir, pour premier point de départ, dix étalons des grosses races, en mettant le plus possible en harmonie la taille, et le plus ou moins de développement de ces étalons, avec les races de chaque localité.

Charger les conseils généraux des départemens, de répartir ces étalons entre les cultivateurs les plus éclairés et les plus recommandables; donner ces étalons en toute propriété aux conditions suivantes, dont la violation manifeste pourrait seule faire revenir sur le don :

« Fixer la rétribution de la monte à 10 fr., qui formeront, avec le travail du cheval, le bénéfice du cultivateur, de manière que soixante jumens, saillies dans une saison, donnent 600 fr. de produit au fermier, et dans beaucoup de parties de la France, plus

6

de 3oo fr. de bénéfice net, déduction faite de la nourriture de l'étalon.

» Ne jamais refuser la saillie à une jument par jour, pendant le temps de la monte, ne pas exiger pour cette saillie un prix supérieur à celui fixé par le réglement, nourrir abondamment pendant la saison, faire travailler l'étalon sans le surcharger.

» N'en point refuser l'inspection à qui de droit. »

Confier l'inspection habituelle de ces étalons au vétérinaire juré de chaque département, ainsi qu'aux membres du conseil général de préfecture, dont les fermiers n'auront sans doute pas été oubliés, ce qui rendra la surveillance de ces chevaux plus facile et plus parfaite, plusieurs propriétaires offrant toutes les garanties, s'empresseront d'ailleurs sans doute de demander de semblables étalons.

Faire afficher annuellement dans les communes de l'arrondissement auquel appartiendra l'étalon, le nom du fermier dépositaire, le signalement du cheval, le prix et l'heure de la saillie, enfin l'époque de commencement et de fin de saison pour la monte.

Augmenter progressivement et le plus promptement possible le nombre de ces étalons de grosses races, de manière à mettre en peu de temps la totalité des naissances sous l'influence immédiate de la direction des haras.

Entretenir ces étalons par renouvellemens successifs et par des chevaux de même race, choisis dans les mêmes localités, en se gardant surtout d'employer à la reproduction leurs produits avec les jumens à régénérer.

Tel est le moyen aussi infaillible que simple de répandre en peu de temps sur toutes les races agricoles de la France, une teinte générale et assez uniforme des espèces reconnues les meilleures par une nation qui a l'expérience pour elle et des résultats admirables : moyen dont le but serait de préparer le croisement possible de ces races régénérées avec la race de pur sang. Comme le premier résultat, en formant des chevaux utiles aux travaux de l'industrie, sera d'ou-

vrir avant peu un débouché aux cultivateurs, qui n'élèvent que peu aujourd'hui
dans l'impossibilité de vendre ; de faire
naître ou d'augmenter le goût des élèves, et
de diminuer en peu d'années la somme
énorme des importations faites par l'industrie.

Ces races seront acceptées avec empres-
sement par les cultivateurs, parce qu'ils
en sentiront tout de suite les premiers avantages ; parce que depuis long-temps ils ont
perdu confiance dans une bonne partie des
étalons du gouvernement ; enfin parce qu'ils
reconnaîtront bientôt combien ces races
sont faciles à élever, s'attelant de bonne
heure et se vendant aussi fort jeunes.

Et lorsque les haras producteurs auront
successivement remonté nos divers dépôts
d'étalons de pur sang, lorsque nos étalons
de grosses races auront rendu à nos races
appauvries l'énergie, la taille et les proportions dont elles sont dépourvues, et leur auront imprimé l'homogénéité et l'analogie
qui leur manquent, alors, mais seulement

alors, on pourra commencer, avec la certitude du succès, le croisement des races agricoles par la race de pur sang, et six cents étalons d'une beauté réelle opérant le croisement de ces races dans une proportion convenable et sans nuire au service de l'artillerie, de la poste et de l'industrie; il surgira de toutes les parties de la France, par ces croisemens successifs, des chevaux de différens degrés de finesse, parce qu'ils appartiendront à différens degrés de croisement, et qui pourront rivaliser avec les mêmes croisemens de l'Angleterre, en offrant une plus grande variété de taille et des nuances de conformation que la nature diverse des herbages et les situations différentes des lieux tendront toujours à maintenir.

Les chevaux de demi-sang ou du premier croisement, formant pour la cavalerie la base assurée des meilleures remontes.

Si l'on veut alors rétablir les fermes des remontes qui existaient avant 89, et qui donnaient de si heureux résultats; si l'on veut acheter jeunes les chevaux du premier croisement pour les développer dans ces dépôts, seul moyen de remonter l'armée en chevaux de choix, et non en chevaux de rebut, on donnera un nouvel élan à ces croisemens, tout en préparant à l'armée des remontes supérieures devant atteindre une plus grande durée, parce que ces chevaux, plus parfaits, seront complètement neufs et auront été élevés avec plus de soin.

Quelques chevaux de demi-sang, et tous les chevaux de premier et deuxième sang fournissant à la remonte des officiers et au luxe, ce qu'ils ne peuvent trouver aujourd'hui qu'en chevaux étrangers.

PRIX ET ENCOURAGEMENS.

Il est utile sans doute de donner des prix et des encouragemens pour l'éducation des chevaux, de distribuer publiquement ces prix et ces encouragemens, afin de stimuler le zèle et l'amour-propre des éleveurs; mais tout est-il fait pour le bien de la chose, quand on a ainsi distribué quelques milliers de francs? non, sans doute, et loin de là.

Les courses en Angleterre ont pour avantage d'entretenir le goût, la passion même des chevaux, et de perpétuer la race de pur sang, parce que c'est cette seule race qui y concourt; et les grands propriétaires qui veulent entrer en lice entretiennent chez eux des étalons et jumens de pur sang, auxquels ils attachent le plus grand prix, parce que ces familles particulières de chevaux, quoique d'origine commune, comptent toutes, dans leur filiation, quelques coureurs célèbres.

En France, les courses doivent avoir pour but de stimuler le goût et l'éducation des chevaux, de développer les connaissances nécessaires, et surtout d'implanter la race de pur sang dans le pays, en en multipliant la filiation pure chez les propriétaires, comme en les pénétrant de l'importance de cette pureté d'origine.

Mais les étalons des haras, si parfaits qu'ils puissent être, ne sauraient produire des chevaux de pur sang avec des jumens d'origine incertaine, et bien peu de propriétaires en France se déterminent à faire la dispendieuse acquisition de jumens de pur sang.

Cependant, tant que les éleveurs n'auront pas des jumens de même origine que l'étalon, le but des courses sera manqué, puisque les chevaux de pur sang ne pourront pas se multiplier.

Après avoir réservé précieusement dans les trois haras producteurs les jumens les plus belles et les plus parfaites pour la reproduction de ces établissemens, la direction, choisissant parmi les plus distinguées et les mieux conformées, après cette première réserve, devra alors :

Donner pour prix de course une belle jument de pur sang, avec la condition que cette jument sera consacrée à la reproduction, et ne pourra être vendue qu'à un propriétaire prenant le même engagement.

Une telle jument, dont l'éducation aura coûté à la direction à peu près la somme qu'elle eût donnée en argent pour ses prix actuels de course, aura une valeur vénale supérieure à cette somme; et elle sera d'un bien autre avenir pour le pays et pour le propriétaire qui l'aura gagnée, puisqu'avec cette jument d'une pureté de sang, d'une authenticité parfaite, il pourra fonder, dans ses herbages, une race en tout égale à celle des établissemens du gouvernement.

Ces jumens données comme prix de course, formant l'origine de ces généalogies particulières qui, comme en Angleterre, établiront dans l'intérieur des départemens une filiation suivie, base de toute conservation.

Lorsqu'une administration des haras possède et perpétue des étalons de la plus belle race connue; lorsqu'elle régénère et entretient les races indigènes; lorsque enfin la totalité des naissances annuelles est le résultat de la direction imprimée aux races, que lui reste-t-il à désirer pour marcher de plus en plus dans la voie du progrès?

Il lui faut trouver chez les éleveurs, le plus grand nombre possible de jumens, les mieux conformées, exclusivement consacrées à la reproduction.

La presque totalité des encouragemens doit donc porter sur les jumens.

Quant aux jumens de pur sang, il vient d'être indiqué le moyen d'en distribuer annuellement un certain nombre dans les diverses parties de la France; et si ces moyens sont adoptés, le désir d'obtenir des prix plus importans et d'un tout autre intérêt, déterminera des propriétaires à acheter quelques jumens distinguées pour se présenter avec plus d'avantage aux courses à venir.

Une prime une fois payée au propriétaire d'une jument de belle conformation ne garantit pas toujours que cette jument sera exclusivement consacrée à la reproduction : tout moyen de contrôle, comme toute garantie, échappant au distributeur de ces primes; ainsi, non seulement il faut concentrer la majorité des primes sur les jumens, mais il faut encore

Rendre les primes annuelles, et n'en délivrer le montant qu'après la saillie des jumens auxquelles elles auront été accordées; par

ce moyen on multiplie les encouragemens,
en répartissant annuellement la même
somme sur un plus grand nombre de jumens ; on s'assure, pour l'intérêt même du
producteur, que les jumens les mieux conformées restent consacrées à la production ;
enfin, on conserve sur la production de cette
jument une direction immédiate qui ne peut
échapper.

La plus grande perfection de nos grosses
races devant à l'avenir avoir une influence
directe sur la plus grande beauté de nos
races en général, on ne saurait apporter trop
de soins à ce perfectionnement par leurs
plus beaux types. Ainsi, non seulement il
sera créé des étalons supérieurs par une
nourriture succulente donnée dès l'enfance
aux poulains les plus distingués de ces races
élevés dans des établissemens spéciaux, mais
il faudra encore :

Distribuer des primes annuelles aux plus
belles jumens de ces races dans les départemens qui les produisent, les propriétaires de ces jumens ayant pour nouvel avan-

tage la certitude presque complète que l'une des plus belles jumens saillie par un étalon supérieur devra donner un poulain assez remarquable pour être acheté par les dépôts.

Dans le très-grand nombre de départemens dont les races sont à régénérer, le point important étant de stimuler l'action des étalons de grosses races; d'un autre côté, les jumens indigènes de ces départemens étant toutes plus ou moins défectueuses, il ne sera point donné de primes aux jumens indigènes de ces départemens pendant un certain nombre d'années, mais il sera distribué des encouragemens pour les plus beaux poulains fils de jumens indigènes et des étalons de grosses races, et dans l'intérêt général, comme dans l'intérêt même des cultivateurs récompensés,

Il sera distribué, pour encouragemens, des jumens de la race des étalons envoyés dans ces départemens, jumens supérieures à celles du pays, récompense réelle pour les cultivateurs qui seront entrés dans les vues de la direction, et qui devront leur donner, ainsi qu'au pays, de solides avantages pendant plusieurs années.

Et dans un avenir éloigné, cessant de distribuer des jumens comme encouragemens dans ces départemens, et donnant alors des primes annuelles aux jumens issues de la race régénérée, lorsqu'elles auront atteint un certain degré de perfection.

Dans l'état actuel des choses, les départemens concourent aux distributions d'encouragemens pour une somme de 209,000 fr., ce qu'ils pourraient faire de plus utile alors serait de consacrer aussi, pendant un certain temps, cette somme à l'achat de jumens à distribuer, pour l'employer ensuite en primes annuelles.

Enfin, lorsque nos races en seront au point de pouvoir être croisées avec les étalons de pur sang, la direction, pour encourager ces croisemens, ainsi que pour indiquer le point auquel ils doivent s'arrêter, aura à fonder quatre degrés de primes annuelles de prix de plus en plus élevés, qui seront accordées :

1° Aux jumens de grosses races, races régénérées comprises, pour la reproduction des grosses races;

2° Aux jumens de grosses races, pour le premier croisement avec l'étalon de pur sang;

3° Aux jumens de demi-sang pour la production des chevaux de premier sang ou de second croisement;

4° Enfin, aux jumens de premier sang pour la production des chevaux de deuxième sang ou du troisième croisement.

Ces primes, de plus en plus élevées à chaque degré de croisement, et ne dépassant pas le deuxième sang, doivent stimuler la production des chevaux de ces différens degrés de finesse, tout en indiquant à la masse des éleveurs qu'ils doivent croiser jusqu'au deuxième sang, sans aller plus loin.

Tels sont les moyens simples, et par conséquent très-praticables, qui doivent en un certain nombre d'années donné

Augmenter le nombre des chevaux en France, en les rendant tous vendables, parce que leur conformation leur assurera à tous des services à remonter;

Créer d'abondantes ressources pour la guerre, parce que tous les chevaux auront assez de taille, de force, et seront assez membrés pour correspondre à l'un des services de l'armée, et par conséquent pour pouvoir y être employés tous au moment du danger;

Remonter nos différentes armes d'une manière supérieure, parce que les chevaux de demi-sang, en tenant de leur mère les larges proportions qu'il leur faut, auront reçu de leur père la vitesse et l'énergie qui leur manquent aujourd'hui;

Enfin, remonter nos régimens en chevaux, ayant entre eux homogénéité, analogie de tempérament et de conformation, par conséquent égalité de vitesse, parce qu'ils seront tous le résultat de deux races uniques;

Créer une race de pur sang d'une authenticité et d'une beauté incontestables, qui assure enfin à la France la prospérité qui lui manque sous ce rapport, et la rende indépendante des nations étrangères;

Satisfaire le luxe par les chevaux de pur sang et leurs croisemens, et préparer enfin pour l'avenir des exportations qui nous dédommagent du passé.

Et j'ose affirmer qu'en dix ans de l'application de ce système et de ces moyens, la France obtiendra déjà de bons et brillans résultats, et que la race de chevaux de pur sang avec sa lente acclimatation et sa pureté officielle sera citée et recherchée par toutes les nations étrangères, et peut-être par cette Angleterre elle-même, si fière aujourd'hui de la beauté de ses chevaux.

On dira qu'il faut du temps pour obtenir des résultats des haras producteurs, du temps pour régénérer nos races, du temps enfin pour obtenir des croisemens. Sans doute il faut du temps; mais il en faut pour toutes les améliorations. Et qu'on propose d'ailleurs un moyen plus prompt : est-ce celui qu'on emploie aujourd'hui ?

Si la France veut adopter ce système et

ces moyens, elle aura des chevaux; il y aura de plus économie sur les allocations futures, et les premières dépenses nécessaires à la fondation de ce système déjà diminuées par la vente des chevaux et des établissemens réformés seront prises sur l'allocation même pendant les premières années de la fonda- tion de ce système.

En fait, nous avons 180,000 jumens à faire saillir par an; et par le chiffre de la consommation, on voit que ce sont des chevaux de grosses races et de demi-sang qui doivent former la très-grande majorité des naissances.

En comptant un étalon pour 60 ju- mens, il faudra donc, étalons. 3,000

Les moyens proposés étant adop- tés, l'Etat aura :

Etalons de pur sang . . . 600 ⎫
⎬ 650 -
Etalons de perfectionne- ment pour les grosses races. 50 ⎭

Reste en étalons de grosses races. . . 2,350

Desquels il faut déduire ceux de ces étalons qui perpétuent librement ces

7

grosses races dans les départemens,
qui les produisent actuellement. . . . 400
   Il restera par conséquent à répartir chez les cultivateurs des diverses
localités...................... 1,950

   Voilà donc 180,000 jumens saillies par
des étalons choisis, c'est-à-dire que la totalité des naissances sera le résultat de l'impulsion donnée par la direction; du moins
les producteurs auront la faculté d'avoir recours à ces étalons de choix.
   Ainsi 3,000 étalons choisis, au lieu de
1287; mais 650 seulement à la charge constante du gouvernement. La totalité des
saillies dirigées par les haras, au lieu du
quart et 2,400 étalons de grosses races,
concourant à la majorité des naissances,
assurant par conséquent la remonte de
l'artillerie, de la poste et de l'industrie, tout
en préparant des jumens pour le croisement
avec la race de pur sang, croisemens qui
doivent fournir aux remontes ainsi qu'au
luxe.

La direction possède deux haras, le Pin et Rosières; trois dépôts de poulains, Pompadour, Tarbes et Pau.

Le bel établissement de Pin, en Normandie, formera le haras producteur du nord.

Rosières, l'un des lieux les moins convenables pour l'éducation des chevaux, avec ses herbages aigres et ses inondations, formant un domaine assez étendu, serait vendu, et son prix suffira à créer l'un des deux autres établissemens producteurs *.

Les trois dépôts de poulains existant actuellement, devenant sans utilité, par la création des trois haras producteurs, seuls destinés à remonter les 600 étalons de pur sang, cesseront de faire partie des établissemens auxquels ils sont joints, pour être ajoutés à trois autres dépôts d'étalons, situés dans les départemens qui produisent les grosses races, et recevant les plus beaux poulains de ces races, destinés à faire des étalons de perfectionnement.

* Dans tous les cas, cet établissement redeviendrait ce qu'il était autrefois, un simple dépôt d'étalons.

DÉPENSES NÉCESSAIRES A LA FONDATION DU SYSTÈME.

Acquisition d'un domaine, frais d'établissement et de bâtimens, destinés à former le troisième haras producteur..... 300,000

Premières remontes de ces trois haras.

Haras du midi.

2 Étalons arabes importés, choisis parmi les plus pures races et les plus distinguées........ 40,000

20 jumens du même sang.... 120,000

Établissement du centre.

Pour étalons, des arabes déjà importés existant en France.... 000,000

20 jumens anglaises de pur sang...................... 120,000

Haras du nord.

2 étalons anglais de pur sang.. 40,000

20 jumens du même sang.... 120,000

740,000

$$Report \ldots \ldots \quad 740,000$$

Étalons de grosses races.

Commencer par répartir 500 étalons de grosses races dans les départemens dont les races sont à régénérer, à 800 fr. l'un   400,000

1,140,000

A déduire :

La vente de plus de 600 étalons réformés, des jumens poulinières, des poulains des deux haras, et des trois dépôts de poulains, du matériel et des établissemens supprimés par la réduction du nombre des étalons, produira   500,000

Reste, comme dépense nécessaire à la fondation du système.   640,000

Cette somme sera prélevée, comme on va voir, sur l'allocation même.

BUDGET ACTUEL DES HARAS.

L'allocation actuelle des haras est de......................	1,800,000
Traitemens et gages des officiers et employés, nourriture de plus de 1,700 animaux, frais de monte et objets divers.........	1,430,000
A déduire, le produit de la vente des chevaux hors de service, de la monte, vente des fumiers et du produit net de quelques domaines......................	300,000
Reste à la charge du trésor...	1,130,000
Bâtimens et grosses réparations	60,000
Inspecteurs généraux, agens de remonte, frais de tournées extraordinaires..............	75,000
Primes, encouragemens, courses, et approbations d'étalons...	215,000
Achats d'étalons, de jumens poulinières et poulains........	320,000
	1,800,000

DÉPENSES DES HARAS

SELON LE SYSTÈME PROPOSÉ,

Et prélèvement sur l'allocation même des dépenses nécessaires à sa fondation.

Selon ce système, les haras auront à entretenir 600 étalons de pur sang.

On peut estimer la remonte de ces 600 étalons au douzième de ce nombre, par conséquent 5o étalons de remontes annuelles.

Les jumens poulinières produisant en nombre à peu près égal des poulains mâles et femelles. Ces poulains, quoique issus d'étalons et de jumens de la plus grande perfection possible, et élevés avec le plus grand soin, ne devant pas être tous d'une assez belle conformation pour faire des étalons ou des jumens poulinières de la reproduction ; enfin les poulinières n'étant pas toutes fecondes chaque année.

Les trois haras seront remontés, en tout, de quatre fois autant de jumens poulinières qu'ils auront. à produire de chevaux bien conformés.

Il leur faudra donc :

Jumens poulinières.............. 200

En supposant les chances les plus favorables, ces jumens donneront en poulains mâles et femelles :

1re année..................... 185

2e année..................... 183

3e année..................... 182

4e année..................... 180

Total...... 930

Le chiffre de la production annuelle dans ce calcul, décroissant pendant cette période de quatre ans, à cause des pertes probables par mort et accidens.

Les jeunes étalons, élevés dans ces trois haras, jugés assez beaux pour être employés à la reproduction, seront envoyés à l'âge de quatre ans faits, et immédiatement après l'époque de la monte, dans les dépôts qu'ils sont destinés à remonter, pour remplacer les étalons réformés qui seront vendus à la même époque, pour être soumis au régime de ces établissemens, recevoir la ration plus forte des étalons des dépôts, et n'étant employés à la monte qu'à la saison suivante, après leur cinquième année révolue.

Les jumens données comme prix de course, seront distribuées à quatre ans, et les autres produits moins parfaits, vendus au même âge.

Par le chiffre de 1,430,000 fr., porté au budget actuel des haras pour l'entretien de 1,700 animaux, on voit qu'un cheval nourri, soigné et administré, coûte à peu de chose près, 841 fr.

L'élévation de cette somme tient évidemment à l'inutile multiplicité des dépôts actuels, qui comportent un très-grand nombre d'officiers, dont les émolumens, ainsi que les frais d'administration, répartis sur une plus petite quantité d'animaux, augmentent de beaucoup la dépense annuelle pour chacun d'eux.

Mais ce n'est pas à des poulains de un,

deux, et même trois ans, que peuvent être applicables ces 841 fr., frais d'administration compris; même en les supposant abondamment nourris à l'avoine, comme ils doivent l'être, puisque dans ce cas, un cheval élevé par la direction lui coûterait, à l'âge de cinq ans, la somme énorme de 4205 fr., sans ajouter encore à ce prix, déjà exorbitant, les frais d'éducation d'élèves, réformés pour conformation imparfaite ou morts avant la cinquième année.

Il faut avec d'autant moins de raison adopter ce chiffre de 841, au moins pour les élèves, que selon ce système, les trois établissemens producteurs devant faire chacun beaucoup plus d'élèves que n'en font aujourd'hui les deux haras existant, le nombre des officiers restant le même, leurs émolumens et les frais d'administration se trouvant au contraire répartis sur une plus grande quantité d'animaux, le coût annuel en sera fort abaissé, ce qui, dans tous les cas, donnerait la faculté d'élever un plus grand nombre de chevaux, non pour augmenter la remonte des 600 étalons, mais pour avoir à choisir dans un plus grand nombre, des producteurs plus parfaits.

Les étalons de pur sang seront donc au nombre de...................... 600

Ceux de grosses races appartenant à la direction et destinés au perfectionnement de ces races................... 50

Les jumens poulinières et leurs produits pendant quatre ans........... 930

Total des animaux............. 1580

Qui, multipliés par 841, donnent......................... 1,328,780

Lorsque les trois haras auront atteint leur plus grand degré de production, le produit de la vente des chevaux de réforme sera au moins le même, s'il n'est pas augmenté par la valeur toujours supérieure d'étalons hors d'âge, mais de pur sang, et surtout par le prix de poulains et

A reporter.... 1,328,780

Report...... 1,328,780

pouliches de trois à quatre ans,
réformés pour quelques imperfections qui les rendent impropres à la reproduction, mais qui
peuvent faire de très-bons chevaux de course ou de service.

La monte actuelle, avec 1287
étalons, s'élève à 200,000 fr.,
mais plus de 500 de ces étalons
sont hors de service ; enfin on a
vu que les saillies s'élevaient tout
au plus à 26 par étalon, tandis
qu'il est certain que 600 beaux
étalons, convenablement remontés, auront au moins 40 jumens
à servir par saison, ce qui au prix,
modique pour de tels chevaux,
de 10 fr., donnerait 240,000 fr. ;
mais ces beaux étalons sont à
produire.

La vente des fumiers restant à
peu près la même, il sera dimi-

A reporter.... 1,328,780

Report...... 1,328,780

nué toutefois 50,000 fr. sur le chapitre des 300,000 fr.

A déduire. 250,000

Reste à la charge du trésor. . . 1,078,780

Le nombre des établissemens étant diminué, les bâtimens devant être infiniment moins multipliés, on peut réduire 10,000 f., sur les 60,000 fr. alloués aux grosses réparations. 50,000

Inspecteurs généraux, agens de remonte, frais de tournées extraordinaires. 75,000

On manque de documens pour prononcer sur ce chapitre.

Primes, encouragemens, courses et approbations d'étalons. 215,000

Les primes et encouragemens étant de la plus haute importance, on ne saurait y consacrer une somme trop élevée. Ainsi, les

A reporter. . . . 1,418,780

Report......	1,418,780

jumens de pur sang, distribuées comme prix de course, étant fournies par les trois haras, la somme, habituellement prélevée pour ce prix sur les 215,000 fr., restera attribuée aux primes, et il y sera encore ajouté.......... 25,000

Les trois haras remontant les dépôts par leurs propres produits, et n'ayant plus à acheter d'étalons et de jumens, la somme de 320,000 fr. est à supprimer entièrement................. 000,000

Mais d'une autre part, 1,950 étalons de grosses races, étant répartis entre divers cultivateurs des départemens, la remonte annuelle de ce nombre de chevaux, entretenus avec moins de soin que les étalons de pur sang, doit se calculer sur le dixième 195 à 800 fr. l'un............ 156,000

A reporter.... 1,599,780

Report......	1,599,780

Achat annuel de douze poulains de grosses races, pour être répartis et élevés dans les trois dépôts destinés à cet usage, à 300 fr. l'un............... 3,600

Entretien de 40 poulains de grosses races dans trois dépôts d'étalons. Ces poulains ne donnant lieu à aucune nouvelle dépense, soit administrative, soit comme émolumens de nouveaux officiers, peuvent être comptés à 550 f. tout au plus............... 22,000

Enfin, l'école de grooms ne donnera lieu qu'à une très-faible dépense, parce que le vétérinaire, le chef d'écurie et le maréchal, destinés à enseigner une vingtaine de jeunes gens, sont déjà nécessairement attachés au haras et rétribués comme tels; parce qu'en-

A reporter....	1,625,380

Report...... 1,625,380

fin, ces jeunes gens remplaceront, en très-grande partie dans l'établissement, les hommes d'écurie qu'il y faudrait employer. Il suffira donc d'ajouter pour cette école..................... 10,000

Total........ 1,635,380

L'allocation actuelle est de... 1,800,000
L'allocation proposée, de... 1,635,380

Différence..... 164,610

Ainsi, avec 3,000 étalons, dont 600 de pur sang, trois haras élevant les plus beaux chevaux, et en assurant la perpétuité, les 50 plus beaux étalons des grosses races leur imprimant un mouvement progressif de perfectionnement, une école créant des hommes d'écurie qui nous manquent; enfin, en accordant 25,000 fr. de plus aux encouragemens, on pourra faire encore une économie de plus de 160,000 fr. sur une allocation de 1,800,000 fr.

Et ce qui sera plus important pour la France et une économie plus réelle, elle verra bientôt cesser ses énormes importations.

Mais il faut comme dépense nécessaire à la fondation de ce système, déduction faite des 5oo,ooo fr. produits de la vente des chevaux et des établissemens réformés, une somme de. 640,ooo

De plus, dans le calcul de cette première dépense, il n'a été compté que 5oo étalons de grosses races à répartir parmi les cultivateurs dès le premier moment; mais le nombre doit être porté le plus promptement possible à 1,95o.

Par conséquent, 1,45o chevaux restent à distribuer dans les départemens dans l'espace de trois à quatre ans, et donneront lieu à une dépense de. 1,16o,ooo
_____
  1,8oo,ooo

Enfin, on voit que pour la remonte des

600 étalons, pour la conservation des belles races, et pour la distribution des jumens de pur sang comme prix de course, les trois haras doivent être remontés eux-mêmes de 200 jumens poulinières, et dans le calcul de cette première fondation il n'en a été compté que 60. Cependant, plus tôt on mettra ces trois établissemens à leur plus grand degré de production, plus tôt aussi nos races sortiront de l'état déplorable où elles sont. Il sera donc utile d'augmenter le nombre de ces jumens, afin de hâter ce moment.

En quatre ans les sommes nécessaires à ces dépenses auront pu être puisées dans l'allocation même, et dans quatre ans ce système sera complètement fondé.

Lorsque les trois haras auront atteint leur plus grand degré de production, la totalité des animaux s'élèvera à   1,580
et coûtera 1,635,380 fr.

Mais la première année les étalons non réformés seront au nom-
A reporter. . . .   1,580

	Report	1,580
bre de. 600		

Etalons de grosses races employés au perfectionne-ment. 5o

Jumens de pur sang. . . 6o

Poulains de grosses races, à répartir dans les dépôts. . 12

722

En moins pendant la première année 858

En prenant pour base le chiffre de 841, puisqu'il ressort du budget actuel et puisqu'il a servi à établir la somme de 1,635,380 fr., on évaluera la dépense de ces animaux, en nourriture et soins, à 55o fr., et on aura pour la première année une économie de. 471,900

En supposant les 6o jumens d'une égale fécondité, le nombre des animaux se sera accru pour la deuxième année

A reporter. . . . 471,900   858

Report	471,900	858
de poulains de pur sang 60		
Poulains de grosses races. 12		72
En moins pendant la deuxième année		786
Ce qui produira une somme de.	432,300	

Enfin, en admettant toujours la fécondité parfaite des jumens, contrairement aux probabilités, sans déduire la perte inévitable de quelques poulains, et en suivant le même calcul, on aura pour la troisième année. 392,700

Et pour la quatrième et dernière année. . . . 353,100

Total. 1,650,000

Report...... 1,650,000

Pendant ces quatre années, on aura fait sur l'allocation actuelle une économie annuelle de 164,610 fr., en tout . .   658,440

                                        2,308,440

La dépense nécessaire serait de. 1,800,000

Il reste en plus.. . .   508,440

Enfin la remonte de 1,950 étalons de grosses races, portée à 156,000, sera insensible pendant ces quatre premières années, et ne pourrait être en tout cas que progressive, puisqu'il n'y aura eu que 500 de ces étalons distribués la première année, et qu'ils n'atteindraient qu'à la quatrième le nombre de 1,950.

Le même calcul peut s'appliquer aux 40 poulains entretenus dans les dépôts qui ne seront que 12 la première année, 24 la deuxième, et 36 la troisième, etc. Quoique pendant ces quatre années la vente des chevaux réformés et des fumiers éprouve une diminution marquée, on voit cependant qu'on pourra facilement augmenter le nombre des jumens poulinières.

En restant donc dans les termes actuels pendant ces quatre années, tout un système des haras se trouve fondé, les dépenses successives auxquelles il aura donné lieu se trouveront couvertes, et au bout de ce temps on pourra retrancher définitivement sur l'allocation des haras les 160,000 fr. indiqués.

En dernière analyse, les 600 étalons les moins imparfaits que nous ayons maintenant continueront la monte dans les divers départemens où ils peuvent être utiles; les 50 plus beaux étalons de grosses races commenceront leur perfectionnement; un nombre croissant d'étalons de ces grosses races, distribués dans les départemens, suppléeront et au-delà aux étalons réformés; ainsi la production, loin d'être interrompue, prendra sans doute un nouvel accroissement; pendant ce temps, les chevaux de pur sang se multiplieront sur le sol; dans peu d'années nous reconnaîtrons de sensibles progrès dans l'état de nos races et dans la production, sans que de nouvelles dépenses nous aient été imposées.

FIN.

Page 63, note, *lisez :* C'est-à-dire race de pur sang arabe naturalisée.

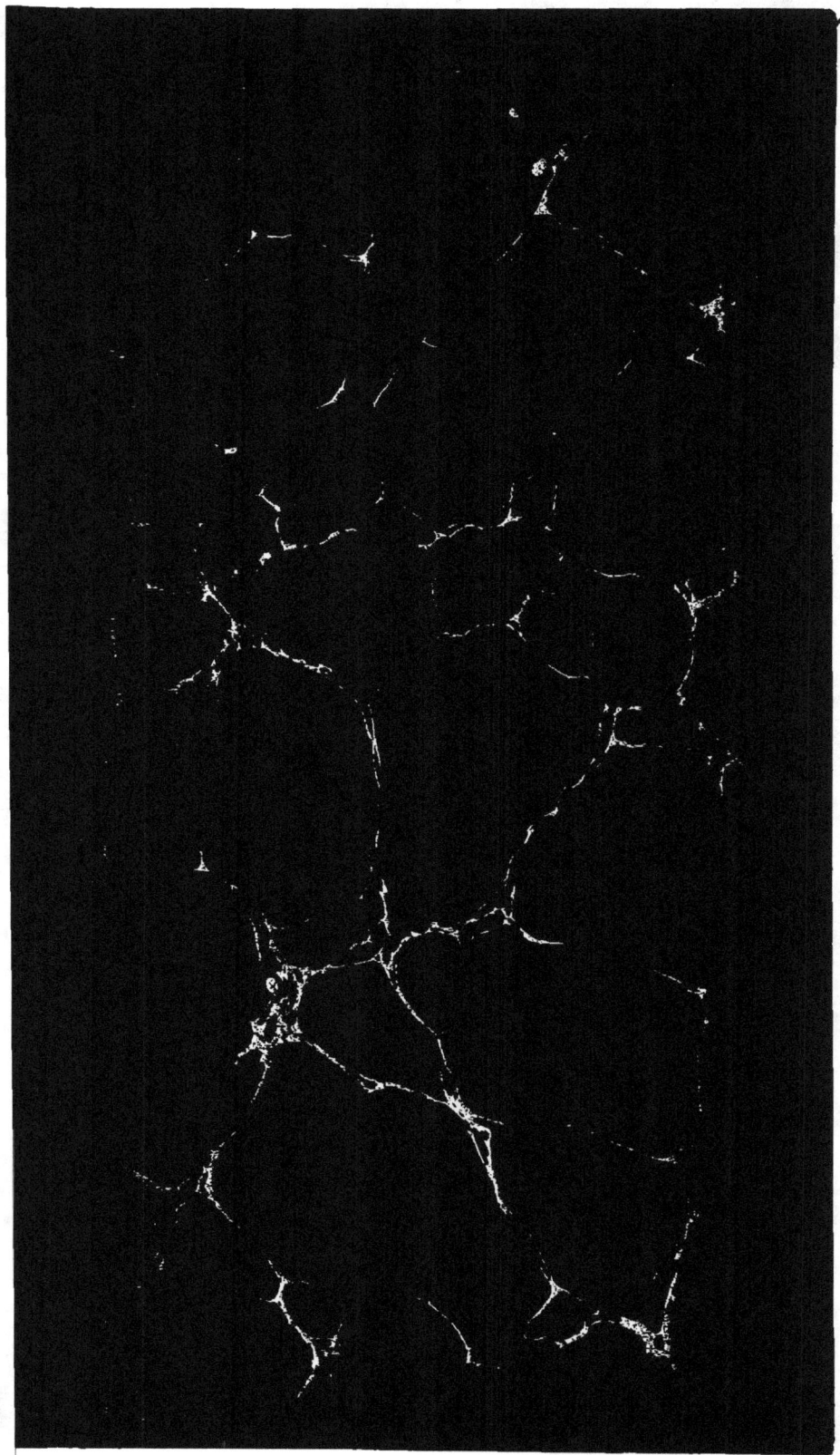